浙江自然资源与环境统计年鉴

ZHEJIANG NATURAL RESOURCES AND STATISTICAL YEARBOOK ON ENVIRONMENT

2019

浙江省统计局　编

中国统计出版社
China Statistics Press

图书在版编目(CIP)数据

浙江自然资源与环境统计年鉴. 2019 / 浙江省统计局编. -- 北京 : 中国统计出版社, 2019.11
ISBN 978-7-5037-9063-8

Ⅰ. ①浙… Ⅱ. ①浙… Ⅲ. ①环境统计—统计资料—浙江—2019—年鉴 Ⅳ. ①X508.255-54

中国版本图书馆 CIP 数据核字(2019)第 244756 号

浙江自然资源与环境统计年鉴-2019

作　　者 / 浙江省统计局
责任编辑 / 王珍　俞鹏　钟钰
封面设计 / 叶志杭
出版发行 / 中国统计出版社有限公司
地　　址 / 北京市丰台区西三环南路甲 6 号
邮政编码 / 100073
电　　话 / 邮购(010)63376909　书店(010)68783171
网　　址 / http://www.zgtjcbs.com
印　　刷 / 杭州恒力通印务有限公司
经　　销 / 新华书店
开　　本 / 890mm × 1240mm　1/16
字　　数 /86 千字
印　　张 / 11
版　　别 / 2019 年 11 月第 1 版
版　　次 / 2019 年 11 月第 1 次印刷
定　　价 / 120.00元

如有印装差错,由本社发行部调换。

《浙江自然资源与环境统计年鉴—2019》
编委会和编辑人员

编 者 说 明

一、《浙江自然资源与环境统计年鉴—2019》是浙江省统计局及其他有关厅局共同编辑完成的一本反映我省环境各领域基本情况的年度综合统计资料。本书收录了2018年全省环境各领域基本数据以及主要年份的全省数据。

二、本书内容共分十二部分,即:1. 自然状况;2. 水环境;3. 海洋环境;4. 大气环境;5. 固体废物;6. 自然生态;7. 土地利用;8. 林业;9. 自然灾害及突发事件;10. 环境投资;11. 城市环境;12. 农村环境。同时附录三个部分:全省人口资源环境主要统计指标、“十三五”规划主要环境保护指标、主要统计指标解释。

三、有关符号说明:

“…”表示数据不足本表最小单位数;

“空格”表示该项统计指标数据不详或无该项数据;

“#”表示是其中的主要项。

四、参与本书编辑的单位有省生态环境厅、省水利厅、省建设厅、省交通运输厅、省自然资源厅、省农业农村厅、省卫生健康委、省应急管理厅、省林业局、省气象局、省地震局、省地方统计调查队,也得到国家统计局能源司的指导和帮助。对上述单位有关人员在本书编辑过程中给予的大力支持与合作,表示衷心的感谢。

编者说明

[illegible]

目　录

一、自然状况

1-1　自然状况 ……………………………………………………………………………………(3)

1-2　土地状况 ……………………………………………………………………………………(4)

1-3　主要山脉基本情况 …………………………………………………………………………(5)

1-4　主要河流基本情况 …………………………………………………………………………(5)

1-5　主要矿产资源储量(2018年) ……………………………………………………………(6)

1-6　各地区主要能源、黑色金属矿产资源储量(2018年)…………………………………(7)

1-7　各地区主要有色金属、非金属矿产资源储量(2018年)………………………………(7)

1-8　主要城市气候情况(2018年) ……………………………………………………………(8)

1-9　国家级和省级风景名胜区(2018年) ……………………………………………………(9)

二、水环境

2-1　全省历年水环境情况(2000-2018年) ……………………………………………………(15)

2-2　各流域水资源情况(2018年)……………………………………………………………(19)

2-3　各流域节水灌溉面积(2018年)…………………………………………………………(19)

2-4　各流域供水和用水情况(2018年)………………………………………………………(20)

2-5　各地区水资源情况(2018年)……………………………………………………………(21)

2-6　各地区节水灌溉面积(2018年)…………………………………………………………(21)

2-7　各地区供水和用水情况(2018年)………………………………………………………(22)

2-8　主要水系水质状况评价结果(按省控监测断面统计)(2018年) …………………………(23)

2-9　各地区废水排放及处理情况(2018年)…………………………………………………(23)

2-10　各行业工业废水排放及处理情况(2018年) ……………………………………………(27)

三、海洋环境

3-1　全省历年海洋环境情况(2003-2018年)…………………………………………………(35)

3-2　近岸海域海水水质评价结果(按海域污染程度分)(2018年) …………………………(35)

3-3 近岸海域海水水质评价结果(按海水类别分)(2018年) ……………………………(36)
3-4 海洋资源利用情况(2018年)……………………………………………………(36)
3-5 海洋机动渔船拥有量(2018年)…………………………………………………(37)
3-6 海洋客货运输量和周转量(2018年)……………………………………………(37)
3-7 沿海地区客货吞吐量、集装箱运量和吞吐量情况(2018年) ……………………(38)

四、大气环境 …………………………………………………………………………………

4-1 全省历年废气排放及处理情况(2000-2018年)…………………………………(41)
4-2 各地区废气排放及处理情况(2018年)…………………………………………(43)
4-3 各行业工业废气排放及处理情况(2018年)……………………………………(45)
4-4 主要城市工业废气排放及处理情况(2018年)…………………………………(49)

五、固体废物

5-1 全省历年工业固体废物产生、排放和综合利用情况(2000-2018年) ……………(53)
5-2 各地区工业固体废物产生和排放情况(2018年)………………………………(54)
5-3 各地区工业固体废物综合利用和处置情况(2018年)…………………………(55)
5-4 各行业固体废物产生和排放情况(2018年)……………………………………(56)
5-5 各行业工业固体废物综合利用和处置情况(2018年)…………………………(60)

六、自然生态

6-1 全省历年自然生态情况(2000-2018年)…………………………………………(67)
6-2 各地区自然保护基本情况(2018年)……………………………………………(67)
6-3 海洋类型自然、特别保护区建设情况(2018年)………………………………(68)
6-4 各地区地质公园建设情况(2018年)……………………………………………(70)
6-5 各地区矿山环境保护情况(2018年)……………………………………………(70)
6-6 各流域除涝和水土流失治理情况(2018年)……………………………………(71)
6-7 各地区除涝和水土流失治理情况(2018年)……………………………………(71)
6-8 各地区湿地情况 …………………………………………………………………(72)

七、土地利用

7-1　全省历年土地利用情况(2000-2018年)……………………………………………………(75)
7-2　各地区土地利用情况(2018年)……………………………………………………………(76)
7-3　各地区耕地变动情况(2018年)……………………………………………………………(78)

八、林业

8-1　全省历年造林情况(2000-2018年)…………………………………………………………(83)
8-2　各地区造林情况(2018年)…………………………………………………………………(84)
8-3　各地区林业系统野生动植物及自然保护区工程建设情况(2018年)…………………(85)

九、自然灾害

9-1　全省历年自然灾害情况(2000-2018年)……………………………………………………(89)
9-2　各地区自然灾害损失情况(2018年)………………………………………………………(91)
9-3　地质灾害及防治情况(2018年)……………………………………………………………(92)
9-4　海洋灾害情况(2018年)……………………………………………………………………(93)
9-5　各地区森林火灾情况(2018年)……………………………………………………………(94)
9-6　各地区森林病虫鼠害防治情况(2018年)…………………………………………………(95)
9-7　各地区突发环境事件情况(2018年)………………………………………………………(96)

十、环境投资

10-1　全省历年环境污染治理投资情况(2000-2018年)…………………………………………(99)
10-2　各地区环境污染治理投资情况(2018年)…………………………………………………(101)
10-3　各地区城镇环境基础设施建设投资情况(2018年)………………………………………(101)
10-4　各地区工业污染治理投资完成情况(2018年)……………………………………………(102)
10-5　各地区环保验收项目情况(2018年)………………………………………………………(102)
10-6　各地区林业投资资金来源情况(2018年)…………………………………………………(103)
10-7　各地区林业投资完成情况(2018年)………………………………………………………(104)
10-8　各地区农村可再生资源经费投入情况(2018年)…………………………………………(104)

十一、城市环境

11-1 全省历年城市环境情况(2000-2018年)……(107)
11-2 主要城市空气质量指标(2018年)……(109)
11-3 各地区全年及各月霾日数(2018年)……(110)
11-4 设市城市面积和建设用地情况(2018年)……(111)
11-5 设市城市市政设施情况(2018年)……(113)
11-6 设市城市供水和用水情况(2018年)……(115)
11-7 设市城市节约用水情况(2018年)……(117)
11-8 设市城市污水排放和处理情况(2018年)……(119)
11-9 设市城市市容环境卫生情况(2018年)……(121)
11-10 设市城市燃气情况(2018年)……(125)
11-11 设市城市园林绿化情况(2018年)……(127)
11-12 设市城市公共交通情况(2018年)……(129)
11-13 城市道路交通噪声监测情况(2018年)……(131)
11-14 城市区域环境噪声监测情况(2018年)……(131)

十二、农村环境

12-1 全省历年农村环境情况(2000-2018年)……(135)
12-2 各地区农村改厕情况(2018年)……(136)
12-3 各地区农村可再生能源利用情况(2018年)……(137)
12-4 各地区农业有效灌溉和农用化肥施用情况(2018年)……(137)
12-5 各地区农用塑料薄膜和农药使用量情况(2018年)……(138)
12-6 各地区农村非商品能源生活消费情况(沼气)(2018年)……(139)
12-7 各地区农村非商品能源生活消费情况(秸秆)(2018年)……(140)
12-8 各地区农村非商品能源生活消费情况(薪柴)(2018年)……(141)
12-9 各地区农业污染情况(2018年)……(142)

附录一、人口资源环境主要统计指标

附录1-1　全省人口资源环境主要统计指标 ……………………………………………………………(145)

附录二、“十三五”规划主要环境保护指标

附录2-1　“十三五”规划全省资源环境主要指标 ……………………………………………………(149)

附录三、主要统计指标解释 ………………………………………………………………………………(153)

一、自然状况

1-1 自然状况

项 目		2018
国土		
国土面积	（万平方公里）	10.56
海域面积	（平方公里）	44400
岸线总长度	（公里）	6630
大陆岸线长度		2100
海岛岸线长度		4500
海岛个数	（个）	4350
海岛面积	（平方公里）	2022
气候		
热量分布	（积温≥0℃）	
浙北		6249.4-6905.4
浙西		6463.0-6998.0
浙南		6273.2-7159.4
浙东		6110.1-6943.8
降水量	（毫米）	
浙北		1284.4-2081.0
浙西		1316.5-1797.0
浙南		1139.2-2191.1
浙东		1130.0-1921.1
气候带情况		
亚热带季风气候		

注：气候资料为多年平均值。 海域面积：为领海界线以内的面积。

1-2 土地状况

项　　目	土地调查面积 (万平方公里)	占总面积(%)
总面积	**10.56**	**100.00**
#农用地	8.58	81.30
耕地	1.98	18.70
园地	0.57	5.40
林地	5.63	53.40
牧草地	…	
其他农用地	0.40	3.80
#建设用地	1.33	12.60
城镇村及工矿用地	1.03	9.80
交通运输用地	0.16	1.50
水利设施用地	0.14	1.30

注: 本表数据来源于省自然资源厅。

1-3 主要山脉基本情况

名　称	山峰高程(米)
莫干山主峰塔山	719.00
方岩山主峰	346.80
普陀山主峰佛顶山	286.30
雁荡山主峰百岗尖西峰	1108.00
天台山主峰华顶山	1095.40
雪窦山主峰黄泥浆岗	971.70
凤阳山主峰黄茅尖	1928.70
江郎山主峰朗峰	816.80

1-4 主要河流基本情况

名　称	流域面积（平方千米）	干流河长（千米）	多年平均降水量（毫米）	多年平均径流量（亿立方米）
钱塘江	55558.4	668.1	1631.0	429.68
苕　溪	4576.4	157.8	1525.8	34.62
甬　江	4518.1	133.0	1536.1	37.07
椒　江	6602.7	208.9	1664.9	63.88
瓯　江	18099.5	383.8	1727.9	186.92
飞云江	3718.8	193.4	1867.8	43.44
鳌　江	1530.1	81.0	1919.4	18.05

注:径流量均系浙江省境内部分(数据来源省水利部门)

1-5 主要矿产资源储量(2018年)

项　　目		2018
石油	(万吨)	
天然气	(亿立方米)	
煤炭	(亿吨)	0.93
铁矿	(矿石,亿吨)	2.12
锰矿	(矿石,万吨)	
铬矿	(矿石,万吨)	
钒矿	(万吨)	59.28
原生钛铁矿	(万吨)	
铜矿	(铜,万吨)	27.67
铅矿	(铅,万吨)	125.76
锌矿	(锌,万吨)	290.95
铝土矿	(矿石,万吨)	
镍矿	(镍,万吨)	0.37
钨矿	(WO_3,万吨)	0.71
锡矿	(锡,万吨)	0.79
钼矿	(钼,万吨)	5.21
锑矿	(锑,万吨)	0.06
金矿	(金,吨)	19.15
银矿	(银,吨)	4051.91
菱镁矿	(矿石,万吨)	
普通萤石	(矿物,万吨)	4158.05
硫铁矿	(矿石,万吨)	6765.84
磷矿	(矿石,万吨)	1770.12
钾盐	(KCl,万吨)	
盐矿	($NaCl$,亿吨)	
芒硝	(Na_2SO_4,亿吨)	
重晶石	(矿石,万吨)	1143.21
玻璃硅质原料	(矿石,万吨)	11140.20
石墨	(矿石,万吨)	
滑石	(矿石,万吨)	
高岭土	(矿石,万吨)	3602.79

注:资料来源:省自然资源厅。其中,石油和天然气的数据为剩余技术可采储量(下表同)。

1-6 各地区主要能源、黑色金属矿产资源储量（2018年）

地　区	石 油 （万吨）	天然气 （亿立方米）	煤 炭 （亿吨）	铁 矿 （矿石，亿吨）	锰 矿 （矿石，万吨）	铬 矿 （矿石，万吨）	钒 矿 （万吨）	原 生 钛铁矿 （万吨）
全　省			**0.93**	**2.12**			**59.28**	
杭州市			0.02	0.05			9.98	
宁波市				...				
温州市				...				
嘉兴市								
湖州市			0.84	0.01			39.80	
绍兴市			...	1.05			7.29	
金华市			0.01					
衢州市			0.06				2.20	
舟山市								
台州市			...	...				
丽水市			...	1.00				

1-7 各地区主要有色金属、非金属矿产资源储量（2018年）

地　区	铜 矿 （铜，万吨）	铅 矿 （铅，万吨）	锌 矿 （锌，万吨）	铝土矿 （矿石，万吨）	菱镁矿 （矿石，万吨）	硫铁矿 （矿石，万吨）	磷 矿 （矿石，万吨）	高岭土 （矿石，万吨）
全　省	**27.67**	**125.76**	**290.95**			**6765.84**	**1770.12**	**3602.79**
杭州市	11.56	14.25	89.44			260.13	203.12	552.59
宁波市		6.73	9.96					35.40
温州市	0.01	2.83	4.58			3108.82		581.51
嘉兴市								
湖州市		0.44	0.39					236.50
绍兴市	13.10	5.11	22.23			1127.01	1088.90	619.29
金华市	0.12	0.02	0.08				271.80	
衢州市	1.86	1.72	7.24			2217.94	206.30	
舟山市	0.23	0.14	0.31					
台州市		79.83	124.57			19.50		162.90
丽水市	0.79	14.70	32.15			32.44		1414.60

1-8 主要城市气候情况(2018年)

城 市	年平均气 温(摄氏度)	年极端最高气温(摄氏度)	年极端最低气温(摄氏度)	年平均相对湿度(%)	全年日照时 数(小时)	全 年降水量(毫米)
浙江省	**18.2**	**40.1**	**-9.1**	**78.1**	**1710.2**	**1571.3**
杭州市	18.2	38.3	-4.4	73.3	1744.9	1827.9
宁波市	18.1	37.9	-5.2	76.9	1683.8	1597.9
温州市	19.6	38.4	-1.2	78.4	1457.5	2098.8
嘉兴市	17.8	37.5	-6.5	79.2	1725.2	1699.6
湖州市	17.6	37.7	-7.8	75.8	1818.5	1496.9
绍兴市	18.6	38.4	-4.4	74.0	1788.1	1807.0
金华市	19.2	38.4	-3.7	71.9	1755.0	1455.2
衢州市	18.6	38.7	-5.2	78.1	1650.9	1431.0
舟山市	17.7	35.3	-4.2	82.4	1709.4	1442.3
台州市	19.0	37.8	-3.5	76.2	1690.2	1567.7
丽水市	19.6	40.1	-4.6	72.4	1404.9	1309.9

资料来源:省气象局。

1-9 国家级和省级风景名胜区情况(2018年)

地 区	国家级风景名胜	
	面 积 (平方公里)	可游览面积 (平方公里)
浙江	**4559**	**1607**
杭州	1482	451
富春江——新安江风景名胜区	1423	413
杭州西湖风景名胜区	59	38
宁波	55	17
雪窦山风景名胜	55	17
温州	1679	521
楠溪江风景名胜区	671	328
雁荡山风景名胜区	448	111
百丈漈——飞云湖风景名胜区	560	82
湖州	36	10
莫干山风景名胜区	36	10
绍兴	217	93
天姥山风景名胜区	143	48
浣江——五泄风景名胜区	74	45
金华	421	221
双龙风景名胜	80	60
大红岩风景名胜区	66	20
仙华山风景名胜区	66	23
大盘山风景名胜区	56	30
方岩风景名胜区	153	88
衢州	51	35
江郎山风景名胜区	51	35
舟山	85	44
普陀山风景名胜区	48	41
嵊泗列岛风景名胜区	37	3
台州	367	171
天台山风景名胜区	132	95
仙居风景名胜区	158	32
方山——长屿硐天风景区	26	26
桃渚风景名胜区	51	18
丽水	166	44
仙都风景名胜区	166	44

资料来源:省林业局。

1-9　续表 1

地　区	省级风景名胜 面　积（平方公里）	省级风景名胜 可游览面积（平方公里）
浙江	**1682**	**691**
杭州市	6	1
超山	6	1
宁波市	119	71
天童－五龙潭	59	11
东钱湖	60	60
慈溪市	51	41
鸣鹤—上林湖	51	41
温州市	154	85
仙岩	30	19
瑶溪	14	6
洞头	20	20
泽雅	90	40
平阳县	67	10
南麂列岛	67	10
苍南县	107	48
滨海—玉苍山	107	48
泰顺县	105	55
氡泉－九峰	105	55
瑞安市	175	60
寨寮溪	175	60
嘉兴市	27	18
海盐县南北湖	27	18
湖州市德清县	37	12
下渚湖风景区	37	12
安吉县	31	11
天荒坪风景名胜区	31	11
绍兴市	76	47
吼山	11	3
鉴湖	25	4
曹娥江风景名胜区	40	40
嵊州市	22	15
南山	22	15

1-9 续表 2

地 区	省级风景名胜	
	面 积（平方公里）	可游览面积（平方公里）
金华市	67	23
九峰山—大佛寺	67	23
兰溪市	53	10
白露山－芝堰	44	5
六洞山	9	5
东阳市	41	13
三都—屏岩	14	8
落鹤-社姆山	27	5
衢州市	160	10
烂柯山—乌溪江	160	10
常山县	13	5
三衢石林	13	5
开化县	73	45
钱江源	73	45
舟山市	12	7
桃花岛	12	7
岱山县	18	10
岱山风景名胜区	18	10
台州市	16	11
划岩山	16	11
玉环县	36	2
玉环县大鹿岛旅游风景区	36	2
仙居县	12	3
响石山	12	3
丽水市	12	3
南明山省级风景名胜区	12	3
青田县	71	26
青田县石门洞风景名胜区	71	26
松阳县	27	16
箬寮-安岱后风景区	27	16
庆元县	53	16
双苗尖-月后	53	16
景宁县	41	17
景宁县云中大漈风景区	41	17

二、水环境

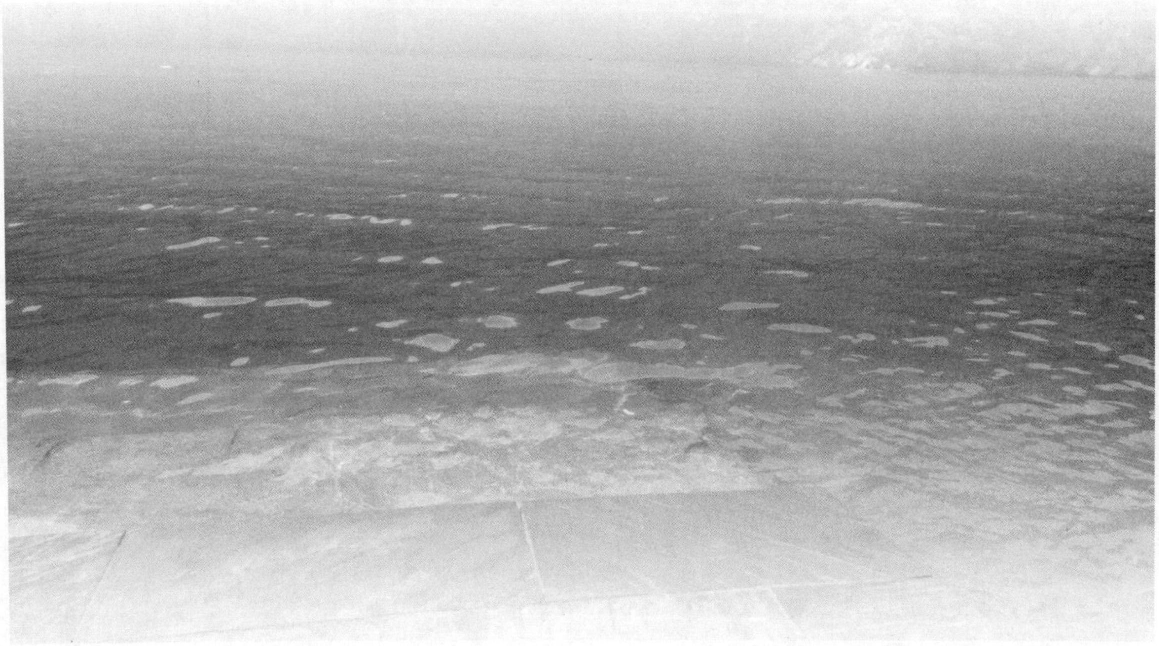

2-1 全省历年水环境情况(2000-2018年)

年 份	水资源总量(亿立方米)	地表水资源量	地下水资源量	地表水与地下水资源重复量	降水量(亿立方米)	人均水资源量(立方米/人)
2000	963.67	949.00	211.65	196.98	1683.00	2105.16
2001	936.83	919.32	207.87	190.35	1650.80	1991.41
2002	1230.48	1212.31	243.12	224.95	1937.37	2589.07
2003	574.48	563.95	161.31	150.78	1246.61	1192.71
2004	675.67	662.19	182.96	169.48	1450.77	1381.46
2005	1014.35	999.36	216.08	201.09	1723.99	2045.86
2006	903.59	889.41	204.36	190.18	1597.90	1795.92
2007	892.15	876.72	204.13	188.70	1630.48	1744.75
2008	855.23	839.93	198.09	182.78	1574.33	1649.86
2009	931.35	917.40	208.01	194.06	1655.05	1776.05
2010	1397.61	1381.98	264.70	249.08	2095.41	2606.98
2011	744.21	732.54	184.13	172.46	1468.09	1364.34
2012	1444.79	1427.15	273.47	255.83	2163.35	2641.29
2013	930.90	916.86	207.33	193.29	1647.45	1696.40
2014	1130.69	1116.79	231.75	217.85	1835.59	2054.68
2015	1405.11	1388.42	269.83	253.14	2134.83	2543.88
2016	1323.75	1307.20	255.75	239.20	2027.74	2378.90
2017	895.35	881.95	204.34	190.94	1614.84	1592.15
2018	866.54	848.64	213.92	196.01	1702.42	1521.05

2-1 续表 1

年 份	供水总量（亿立方米）				用水总量（亿立方米）		
		地表水	地下水	其 他		农业用水	工业用水
2000	203.27	195.14	7.63	0.50	201.15	121.21	52.56
2001	205.36	197.50	7.24	0.61	205.36	117.22	53.05
2002	208.01	199.60	7.38	1.03	208.01	118.14	53.29
2003	205.98	197.13	8.47	0.38	205.98	110.18	55.28
2004	207.78	200.25	7.10	0.43	207.78	109.73	55.77
2005	209.91	202.79	6.65	0.47	209.91	108.92	58.10
2006	208.26	201.29	6.57	0.40	208.26	101.04	62.73
2007	210.98	204.85	5.65	0.47	210.98	100.22	64.17
2008	216.62	210.97	5.30	0.34	216.62	98.73	61.03
2009	217.07	192.28	4.96	0.52	217.07	97.28	55.34
2010	220.08	215.18	4.33	0.57	220.08	94.64	59.70
2011	222.24	217.40	4.16	0.69	222.24	92.10	61.84
2012	222.31	218.13	3.34	0.85	222.31	91.29	60.74
2013	224.75	221.07	2.52	1.17	224.75	91.95	58.75
2014	220.24	217.03	2.19	1.02	220.24	88.21	55.67
2015	186.06	183.36	1.70	1.00	186.06	84.65	51.59
2016	181.15	178.48	1.56	1.10	181.15	80.99	48.37
2017	179.50	176.24	1.31	1.95	179.50	80.87	46.08
2018	173.81	170.37	0.80	2.64	173.81	77.12	44.00

注：2015 年起，统计口径调整，供水总量、用水总量不含环境配水量。

2-1 续表 2

年 份	生活用水	生态补水	人均用水量（立方米/人）	单位GDP用水量（立方米/万元）	单位工业增加值用水量（立方米/万元）	单位工业增加值工业用水量（立方米/万元）
2000	26.45	0.93	439.42	327.55	682.86	178.43
2001	29.10	5.99	436.53	302.23	628.35	162.32
2002	29.19	7.39	437.68	271.78	560.28	143.54
2003	29.05	11.47	427.65	234.64	479.52	128.69
2004	31.45	13.27	424.82	206.76	413.50	110.99
2005	31.32	13.76	423.37	185.23	369.30	102.22
2006	32.65	11.84	413.92	136.30	286.37	86.26
2007	33.95	12.64	412.61	120.42	249.17	75.79
2008	36.32	20.54	417.89	112.34	232.48	65.50
2009	37.60	26.85	413.94	103.33	219.97	56.08
2010	39.40	26.33	410.52	93.60	197.88	53.68
2011	40.02	28.28	407.42	73.51	159.53	44.39
2012	41.59	28.70	406.42	68.10	148.61	40.62
2013	42.46	31.59	409.57	63.66	138.24	36.14
2014	43.82	32.54	400.22	57.91	130.57	33.01
2015	44.36	5.46	336.85	45.32	105.17	29.16
2016	46.31	5.48	325.54	38.66	95.92	25.61
2017	47.01	5.55	319.20	35.60	88.28	22.66
2018	47.19	5.50	305.08	32.20	84.79	21.46

注：表中2005年的单位GDP用水量、单位工业增加值用水量、单位工业增加值工业用水量是以2000年价计算。
按新口径2005年价计算的数据分别为：156.44、330.84和91.57立方米/万元。
按新口径2010年价计算的数据分别为：79.39、173.87和47.16立方米/万元。

2-1 续表 3

年 份	废水排放总 量（亿吨）	#工业	#生活	化学需氧量排放总量（万吨）	#工业	#生活	氨 氮排放量（万吨）	#工业	#生活
2000	21.33	13.64	7.69	62.6	35.84	36.76			
2001	24.26	15.81	8.45	63.16	32.09	31.07	8.70	5.62	3.08
2002	25.91	16.80	9.11	57.86	28.35	29.51	6.82	3.90	2.92
2003	27.03	16.81	10.22	56.20	25.64	30.56	6.84	3.80	3.04
2004	28.13	16.53	11.60	55.65	25.15	30.50	6.30	3.35	2.95
2005	31.32	19.24	12.08	59.47	28.96	30.51	6.29	3.10	3.19
2006	33.07	19.96	13.11	59.27	28.65	30.62	5.74	2.65	3.09
2007	33.81	20.12	13.69	56.40	26.43	29.97	5.31	2.43	2.88
2008	35.04	20.05	14.99	53.86	24.27	29.59	4.68	2.03	2.65
2009	36.50	20.34	16.16	51.38	24.05	27.33	4.10	1.52	2.58
2010	39.48	21.74	17.74	48.68	24.41	24.27	3.97	1.40	2.57
2011	42.04	18.24	23.76	81.83	19.11	40.69	11.54	1.26	7.45
2012	42.10	17.54	24.50	78.62	18.57	38.92	11.23	1.21	7.25
2013	41.91	16.37	25.50	75.51	17.41	37.63	10.75	1.11	6.99
2014	41.83	14.94	26.84	72.54	16.63	36.04	10.32	1.01	6.76
2015	43.38	14.74	28.58	68.32	15.56	34.72	9.85	1.04	6.49
2016	43.09	12.99	30.02	46.15	8.98	33.77	7.30	0.59	6.59
2017	45.39	12.29	33.03	41.86	6.96	34.18	6.67	0.32	6.29
2018	46.39	11.99	34.33	39.16	5.65	33.11	6.31	0.22	6.05

注：2011年环境保护部门对统计制度中的指标体系、调查方法及相关技术规定等进行了修订，统计范围扩展为工业源、农业源、城镇生活源、机动车、集中式污染治理设施5个部分。

2-2 各流域水资源情况(2018年)

单位:亿立方米

流域片	水资源总量	地表水资源量	地下水资源量	地表水与地下水资源重复量	降水量
浙江省	**866.54**	**848.64**	**213.92**	**196.01**	**1702.42**
鄱阳湖水系	5.23	5.23	1.89	1.89	9.48
太湖水系	113.56	106.41	25.56	18.41	207.47
钱塘江	332.12	329.60	81.85	79.34	675.38
浙东诸河	96.59	91.31	27.51	22.23	201.89
浙南诸河	293.98	291.04	70.05	67.11	564.41
闽东诸河	15.15	15.12	5.11	5.08	25.70
闽　江	9.92	9.92	1.96	1.96	18.11

资料来源:省水利厅(以下各表同)。

2-3 各流域节水灌溉面积(2018年)

单位:千公顷

流域片	节水灌溉面积合计	# 喷滴灌	# 微 灌	# 低压管灌
按流域分	**1117.65**	**72.72**	**55.29**	**98.52**
太湖流域	319.78	6.97	11.03	56.92
东南诸河流域	797.87	65.75	44.26	41.60

2-4 各流域供水和用水情况(2018年)

单位:亿立方米

流域片	供水总量				环境配水
		地表水	地下水	其 他	
浙江省	**173.81**	**170.37**	**0.80**	**2.64**	**43.84**
鄱阳湖水系	0.41	0.40	0.01		
太湖水系	45.91	44.61	0.01	1.29	12.70
钱塘江	63.23	62.20	0.49	0.54	20.78
浙东诸河	25.72	25.13	0.05	0.55	4.10
浙南诸河	37.77	37.26	0.25	0.27	6.26
闽东诸河	0.40	0.40			
闽 江	0.37	0.37	...		

2-4 续表

单位:亿立方米

流域片	用水总量					环境配水
		农 业	工 业	生 活	生态环境补水	
浙江省	**173.81**	**77.12**	**44.00**	**47.19**	**5.50**	**43.84**
鄱阳湖水系	0.41	0.29	0.07	0.04	0.01	
太湖水系	45.91	21.57	10.41	12.85	1.08	12.70
钱塘江	63.23	29.74	17.73	13.90	1.86	20.78
浙东诸河	25.72	9.60	7.16	8.61	0.35	4.10
浙南诸河	37.77	15.34	8.57	11.67	2.19	6.26
闽东诸河	0.40	0.30	0.02	0.08	...	
闽 江	0.37	0.28	0.03	0.05	0.01	

注:鄱阳湖+太湖即为长江区;钱塘江+浙东+浙南+闽东+闽江即为东南诸河区

2-5 各地区水资源情况(2018年)

单位:亿立方米,立方米/人

地 区	水资源总 量	地表水资源量	地下水资源量	地表水与地下水资源重复量	降水量		人 均水资源量
					亿立方米	毫 米	
浙江省	**866.54**	**848.64**	**213.92**	**196.01**	**1702.42**	**1640.30**	**1521.05**
杭州市	146.24	143.90	32.00	29.67	278.12	1675.80	1517.44
宁波市	75.11	70.66	21.23	16.78	150.21	1603.90	926.86
温州市	128.47	126.39	26.90	24.82	225.35	1912.30	1391.46
嘉兴市	36.51	32.22	8.86	4.57	66.15	1678.50	778.21
湖州市	52.26	50.68	11.41	9.84	97.81	1681.30	1735.56
绍兴市	59.21	56.92	14.40	12.10	128.55	1556.80	1178.92
金华市	69.95	69.95	16.62	16.62	155.46	1423.90	1252.74
衢州市	80.64	80.64	25.72	25.72	153.67	1739.20	3670.38
舟山市	6.93	6.93	1.83	1.83	19.73	1370.10	592.29
台州市	77.97	77.08	16.40	15.51	156.74	1649.60	1272.30
丽水市	133.26	133.26	38.55	38.55	270.63	1561.70	6077.91

2-6 各地区节水灌溉面积(2018年)

单位:千公顷

地 区	合 计	#喷滴灌	#微 灌	#低压管灌
浙江省	**1117.65**	**72.72**	**55.29**	**98.52**
杭州市	102.50	8.24	3.31	5.20
宁波市	147.74	18.31	13.58	7.66
温州市	108.05	9.33	4.08	4.42
嘉兴市	168.76	1.57	6.53	51.05
湖州市	112.89	3.72	2.69	5.59
绍兴市	91.60	6.57	4.82	8.22
金华市	126.85	5.05	3.18	3.84
衢州市	95.23	4.88	5.70	3.18
舟山市	7.99	0.79	0.61	0.47
台州市	101.77	4.27	4.85	5.78
丽水市	54.27	10.00	5.94	3.13

2-7 各地区供水和用水情况(2018年)

单位:亿立方米

地 区	供水总量	地表水	地下水	其 他	环境配水	用水总量	农业用水
浙江省	**173.81**	**170.37**	**0.80**	**2.64**	**43.84**	**173.81**	**77.12**
杭州市	32.47	31.56	0.08	0.83	29.29	32.47	10.98
宁波市	20.76	20.34	0.03	0.40	4.10	20.76	7.34
温州市	17.81	17.77	0.04		4.66	17.81	5.72
嘉兴市	18.76	18.48		0.29		18.76	10.25
湖州市	14.01	13.55	0.01	0.44		14.01	8.86
绍兴市	18.09	18.00	0.08	0.01	3.00	18.09	8.59
金华市	16.28	15.70	0.33	0.25	1.13	16.28	7.39
衢州市	11.65	11.63	0.02		0.05	11.65	6.53
舟山市	1.62	1.50	…	0.12		1.62	0.24
台州市	15.44	14.94	0.21	0.30	1.61	15.44	6.71
丽水市	6.90	6.90	…			6.90	4.50

注:生态用水仅包括城市环境用水和部分河湖、湿地的人工补水。

2-7 续表

单位:亿立方米

地 区	工业用水	生活用水	生态补水	环境配水	用水消耗量	人均耗水量(立方米)
浙江省	**44.00**	**47.19**	**5.50**	**43.84**	**96.36**	**169.15**
杭州市	9.15	11.46	0.88	29.29	16.54	171.59
宁波市	5.93	7.24	0.24	4.10	11.25	138.86
温州市	4.35	6.60	1.14	4.66	9.68	104.81
嘉兴市	4.55	3.58	0.38		11.07	236.03
湖州市	2.32	2.58	0.25		7.60	252.51
绍兴市	4.55	4.56	0.39	3.00	11.12	221.32
金华市	4.67	3.35	0.86	1.13	9.41	168.50
衢州市	3.36	1.53	0.23	0.05	6.44	293.01
舟山市	0.57	0.79	0.01		0.76	64.60
台州市	3.60	4.11	1.02	1.61	8.26	134.79
丽水市	0.93	1.37	0.10		4.24	193.56

2-8 主要水系水质状况评价结果(按省控监测断面统计)(2018年)

主要水系	监测断面个数(个)	分类水质断面占全部断面百分比(%)					
		Ⅰ类	Ⅱ类	Ⅲ类	Ⅳ类	Ⅴ类	劣Ⅴ类
钱塘江	47	8.5	61.7	29.8			
曹娥江	10		80.0	20.0			
甬　江	14	7.1	28.6	64.3			
椒　江	11	9.1	36.4	45.5	9.1		
瓯　江	29	13.8	79.3	6.9			
飞云江	5	20.0	80.0				
鳌　江	4		25.0	25.0	50.0		
苕　溪	16	6.3	75.0	18.8			

资料来源:省生态环境厅(以下各表同)。

2-9 各地区废水排放及处理情况(2018年)

单位: 万吨

地　区	废水排放总量	工业废水	城镇生活污水	集中式污染治理设施
全　省	**463894.54**	**119935.55**	**343260.81**	**698.18**
杭　州	94593.23	23614.69	70779.95	198.59
宁　波	78458.10	15086.18	63247.56	124.36
温　州	55829.69	4021.83	51771.94	35.92
嘉　兴	41392.18	19104.18	22255.34	32.65
湖　州	22519.26	8280.30	14234.73	4.24
绍　兴	46934.58	24758.44	22101.13	75.01
金　华	49566.79	6794.74	42708.63	63.42
衢　州	18312.21	9419.75	8858.28	34.18
舟　山	6397.75	1138.26	5229.19	30.30
台　州	37745.28	5114.00	32566.38	64.90
丽　水	12145.46	2603.18	9507.68	34.60

2-9 续表1

单位:吨

地区	化学需氧量排放总量	工业	农业	生活	集中式污染治理设施
全省	**391562.79**	**56525.22**	**2531.02**	**331112.34**	**1394.21**
杭州	49602.54	10550.90	1917.73	37073.40	60.51
宁波	31502.84	7162.52	5.04	23265.83	1069.46
温州	89790.72	2308.01	189.03	87260.52	33.17
嘉兴	23774.95	6975.92	33.45	16756.43	9.15
湖州	19455.99	4147.27	7.74	15296.28	4.70
绍兴	55164.39	15109.37	347.93	39636.65	70.45
金华	30059.53	2417.42	26.30	27563.31	52.51
衢州	19220.52	2508.34	1.81	16671.91	38.46
舟山	12263.20	754.11		11507.48	1.61
台州	39897.91	2711.16		37151.55	35.20
丽水	20830.20	1880.20	2.00	18929.00	19.00

2-9 续表2

单位:吨

地区	氨氮排放总量	工业	农业	生活	集中式污染治理设施
全省	**63145.00**	**2160.03**	**356.58**	**60476.94**	**151.45**
杭州	7681.87	302.85	287.58	7088.21	3.23
宁波	8680.14	315.21	1.01	8269.83	94.09
温州	11370.25	195.26	2.00	11171.15	1.84
嘉兴	5640.76	115.10	6.89	5492.52	26.26
湖州	3519.46	208.21	1.55	3309.64	0.06
绍兴	7862.14	321.57	50.70	7481.93	7.94
金华	4038.56	128.89	6.09	3896.94	6.64
衢州	3255.10	145.57	0.36	3105.79	3.37
舟山	1331.24	62.41		1268.51	0.32
台州	6701.28	221.14		6474.90	5.24
丽水	3064.20	143.83	0.40	2917.53	2.45

2-9 续表 3

单位:吨

地区	废水中污染物排放量				
	总 氮	总 磷	石油类	挥发酚（千克）	氰化物（千克）
全 省	**113961.64**	**3792.49**	**178.05**	**934.60**	**3909.37**
杭 州	17251.32	780.03	17.57	10.95	129.60
宁 波	16900.73	118.27	19.97	65.50	472.46
温 州	19330.28	808.39	23.42		1425.67
嘉 兴	10219.55	81.81	15.12	0.14	17.28
湖 州	6339.77	358.84	14.58	1.08	12.87
绍 兴	13755.46	575.98	12.69	311.06	30.25
金 华	8821.62	213.13	20.82	1.90	486.99
衢 州	4793.48	281.12	11.03	444.69	273.53
舟 山	2272.87	15.85	10.44	28.98	0.15
台 州	9930.52	285.22	15.75	69.90	980.04
丽 水	4346.05	273.84	16.65	0.40	80.52

2-9 续表 4

单位:千克

地区	废水中污染物排放量					
	铅	汞	镉	六价铬	总 铬	砷
全 省	**529.89**	**2.27**	**65.07**	**2821.79**	**19741.49**	**167.56**
杭 州	77.33	1.08	15.65	115.43	464.75	11.51
宁 波	4.23	0.18	0.09	159.35	518.92	3.86
温 州	1.28		4.72	969.62	3871.93	
嘉 兴	67.17	0.05	27.45	49.89	1072.10	7.06
湖 州	172.97		0.02	799.11	10475.56	
绍 兴	138.13	0.32	9.60	38.01	210.24	75.95
金 华	20.59	0.43	2.23	145.78	404.04	2.24
衢 州	5.60	…	3.30	8.10	750.41	5.36
舟 山	0.54	…	0.04	5.30	183.26	0.21
台 州	6.20	0.18	0.28	429.21	1445.97	3.67
丽 水	35.84	0.04	1.70	101.99	344.32	57.70

2-9 续表 5

地 区	工业废水治理设施数（套）	工业废水治理设施处理能力（万吨/日）	工业废水处理量（万吨）	工业废水治理设施本年运行费用（万元）
全 省	**7128**	**1007.5**	**152939.8**	**822744.0**
杭 州	845	200.6	35920.3	119224.5
宁 波	905	182.2	21233.5	160965.4
温 州	518	25.2	3857.1	23021.1
嘉 兴	1012	160.4	27214.0	159652.0
湖 州	565	107.2	13456.9	44960.5
绍 兴	722	152.1	25532.2	190357.7
金 华	710	49.8	8401.1	48062.8
衢 州	469	65.9	9193.2	27732.1
舟 山	114	5.3	979.7	3253.1
台 州	881	35.2	4761.1	31858.7
丽 水	387	23.4	2390.9	13656.1

2-10 各行业工业废水排放及处理情况(2018年)

行　业	汇总工业企业数（个）	工业废水治理设施数（套）	工业废水治理设施处理能力（万吨/日）
行业总计	**11076**	**7128**	**1007.48**
农、林、牧、渔专业及辅助性活动	7	4	0.07
黑色金属矿采选业	1	1	0.90
有色金属矿采选业	16	17	2.71
非金属矿采选业	20	19	2.73
其他采矿业	1		
农副食品加工业	508	339	13.74
食品制造业	179	168	15.70
酒、饮料和精制茶制造业	131	108	15.91
烟草制品业	2	2	0.38
纺织业	1664	1191	346.35
纺织服装、服饰业	166	111	12.02
皮革、毛皮、羽毛及其制品和制鞋业	211	107	17.27
木材加工和木、竹、藤、棕、草制品业	217	49	0.80
家具制造业	243	83	1.26
造纸和纸制品业	405	316	208.75
印刷和记录媒介复制业	239	62	0.39
文教、工美、体育和娱乐用品制造业	160	63	2.32
石油、煤炭及其他燃料加工业	16	18	5.15
化学原料和化学制品制造业	869	696	73.58
医药制造业	265	283	17.64

2-10 续表 1

行 业	汇总工业企业数（个）	工业废水治理设施数（套）	工业废水治理设施处理能力（万吨/日）
化学纤维制造业	132	101	20.81
橡胶和塑料制品业	572	180	6.07
非金属矿物制品业	553	111	34.89
黑色金属冶炼和压延加工业	277	222	102.05
有色金属冶炼和压延加工业	230	131	7.73
金属制品业	1778	1182	32.22
通用设备制造业	469	315	5.41
专用设备制造业	174	91	1.46
汽车制造业	329	286	5.96
铁路、船舶、航空航天和其他运输设备制造业	116	93	2.17
电气机械和器材制造业	304	200	9.04
计算机、通信和其他电子设备制造业	261	207	12.48
仪器仪表制造业	23	14	0.14
其他制造业	214	122	3.58
废弃资源综合利用业	65	20	0.29
金属制品、机械和设备修理业	43	31	0.65
电力、热力生产和供应业	214	185	24.81
燃气生产和供应业	2		

2-10 续表 2

行　业	工业废水治理设施本年运行费用（万元）	工业废水处理量（万吨）	工业废水排放量（万吨）
行业总计	**822744.01**	**152939.77**	**104278.15**
农、林、牧、渔专业及辅助性活动	97.00	16.50	15.29
黑色金属矿采选业	70.00	88.08	88.08
有色金属矿采选业	645.61	212.76	137.91
非金属矿采选业	1539.75	405.35	231.84
其他采矿业			
农副食品加工业	11408.15	2212.55	2186.39
食品制造业	8667.40	1728.08	1721.66
酒、饮料和精制茶制造业	6494.39	1563.00	1574.43
烟草制品业	1002.28	68.36	68.36
纺织业	297270.28	58330.73	47318.97
纺织服装、服饰业	9688.75	1745.95	1631.52
皮革、毛皮、羽毛及其制品和制鞋业	11509.81	2025.71	1141.41
木材加工和木、竹、藤、棕、草制品业	565.49	179.47	184.31
家具制造业	617.89	104.70	103.82
造纸和纸制品业	80452.81	33978.00	15226.87
印刷和记录媒介复制业	662.98	85.13	79.83
文教、工美、体育和娱乐用品制造业	1442.73	160.07	142.51
石油、煤炭及其他燃料加工业	25394.75	1293.83	585.80
化学原料和化学制品制造业	140103.81	13334.53	11788.48
医药制造业	37595.19	2803.74	2774.89

2-10 续表 3

行 业	工业废水治理设施本年运行费用（万元）	工业废水处理量（万吨）	工业废水排放量（万吨）
化学纤维制造业	10775.56	2851.65	1921.42
橡胶和塑料制品业	7175.63	1323.02	1286.09
非金属矿物制品业	4461.14	6858.72	422.50
黑色金属冶炼和压延加工业	20910.82	4349.42	751.03
有色金属冶炼和压延加工业	5974.01	1096.18	601.36
金属制品业	65031.90	5010.79	4674.95
通用设备制造业	8262.17	848.92	776.89
专用设备制造业	2618.58	422.50	418.17
汽车制造业	9663.68	1133.71	1059.84
铁路、船舶、航空航天和其他运输设备制造业	1608.60	323.64	317.27
电气机械和器材制造业	14204.78	1263.30	1154.14
计算机、通信和其他电子设备制造业	12072.24	1865.16	1504.02
仪器仪表制造业	182.60	19.08	17.45
其他制造业	2536.29	355.05	351.69
废弃资源综合利用业	661.64	89.85	87.52
金属制品、机械和设备修理业	239.25	116.29	154.83
电力、热力生产和供应业	21136.04	4675.92	1776.61
燃气生产和供应业			

2-10 续表 4

行 业	化学需氧量排放量（吨）	氨氮排放量（吨）
行业总计	**47862.47**	**1805.75**
农、林、牧、渔专业及辅助性活动	7.91	0.26
黑色金属矿采选业	9.66	
有色金属矿采选业	80.39	1.20
非金属矿采选业	98.85	4.35
其他采矿业		
农副食品加工业	1247.54	131.02
食品制造业	609.24	38.93
酒、饮料和精制茶制造业	719.30	48.78
烟草制品业	14.81	0.44
纺织业	23069.25	631.52
纺织服装、服饰业	810.76	44.78
皮革、毛皮、羽毛及其制品和制鞋业	655.00	74.44
木材加工和木、竹、藤、棕、草制品业	364.81	8.92
家具制造业	36.81	2.64
造纸和纸制品业	6478.89	124.91
印刷和记录媒介复制业	26.83	0.94
文教、工美、体育和娱乐用品制造业	64.40	3.68
石油、煤炭及其他燃料加工业	188.90	3.11
化学原料和化学制品制造业	4628.44	211.86
医药制造业	1513.13	64.94

2-10　续表 5

行　业	化学需氧量排放量（吨）	氨氮排放量（吨）
化学纤维制造业	857.29	21.48
橡胶和塑料制品业	538.77	54.36
非金属矿物制品业	195.31	8.13
黑色金属冶炼和压延加工业	512.58	24.30
有色金属冶炼和压延加工业	286.00	17.56
金属制品业	1863.29	136.47
通用设备制造业	345.83	19.65
专用设备制造业	115.88	6.44
汽车制造业	444.72	21.47
铁路、船舶、航空航天和其他运输设备制造业	147.66	11.00
电气机械和器材制造业	421.80	21.67
计算机、通信和其他电子设备制造业	448.99	20.78
仪器仪表制造业	10.06	0.43
其他制造业	130.21	8.97
废弃资源综合利用业	90.76	5.49
金属制品、机械和设备修理业	98.84	5.65
电力、热力生产和供应业	729.59	25.19
燃气生产和供应业		

三、海洋环境

3-1 全省历年海洋环境情况(2003-2018年)

单位:平方公里

年 份	近岸海域海水水质			
	清洁、较清洁海域面积	轻度污染海域面积	中度污染海域面积	重度污染海域面积
2003				
2004				
2005	6397	2804	7127	14572
2006	5307	1750	9442	13420
2007	8428	3360	5460	13652
2008	10970	5460	4390	10080
2009	14750	9010	6670	11970
2010	10390	6830	6580	18600
2011	11250	11100	6780	13270
2012	11040	6062	8558	16740
2013	11708	7806	8322	16564
2014	8645	8835	11985	14935
2015	11760	6515	9335	16790
2016	19653	5173	5249	14325
2017	11282	5560	8548	19010
2018	20601	6056	3197	14563

注:2010年(含)之前指标名称为较清洁海域面积,之后调整为清洁、较清洁海域面积。2014年开始我省在每年3月、5月、8月、10月开展四次近岸海域水质趋势性监测,表中数据为8月监测数。

3-2 近岸海域海水水质评价结果(按海域污染程度分)(2018年)

单位:平方公里

海 区	测站数量(个)	清洁、较清洁海域面积	轻度污染海域面积	中度污染海域面积	重度污染海域面积	首要超标污染物
全 省	**344**	**20601**	**6056**	**3197**	**14563**	**无机氮、活性磷酸盐**
宁波市	68	2534	993	785	5446	无机氮、活性磷酸盐
温州市	93	7919	85	339	127	无机氮、活性磷酸盐
嘉兴市	17				1504	无机氮、活性磷酸盐
舟山市	67	8374	3049	4246	5130	无机氮、活性磷酸盐
台州市	99	5735	276	346	553	无机氮、活性磷酸盐

资料来源:省生态环境厅(下表同)。

说　　明:2018年全省及各海区分别于3月、5月、8月、10月进行了4次监测,本表数据采用的是8月份监测评价结果。

3-3 近岸海域海水水质评价结果(按海水类别分)(2018年)

海区名称	监测面积(平方公里)	水质类别面积百分比(%)				
		一类海水	二类海水	三类海水	四类海水	劣四类海水
全 省	**57468**	**29.4**	**10.2**	**17.6**	**5.6**	**37.2**
宁 波	9996	19.9	10.7	32.0	10.7	26.7
温 州	9467	60.5	16.9	17.0		5.6
嘉 兴	3204					100.0
舟 山	24264	25.2		13.2	4.4	57.2
台 州	10537	29.0	30.4	20.4	10.1	10.1

3-4 海洋资源利用情况(2018年)

地　区	海洋渔业(万吨)		海洋盐业产量(万吨)	海洋矿业产量(万吨)	海洋生物药业产值(万元)	海洋电力		海水利用	
	捕捞产业	养殖产业				年发电量(万千瓦.小时)	工业总产值(万元)	海水利用量(万吨)	设计淡水日产量(吨/日)
全　省	**287.39**	**120.89**	**28.0**	**37186.3**	**232731.6**	**131344.3**	**88616.1**	**1130260.7**	**156160.0**
杭州市			15.4						
宁波市	53.1	30.6	1.8			101311.8	58329.5	357339.0	
温州市	43.3	14.7			2000.0	4537.4	2287.2	262588.5	21600.0
嘉兴市	0.1	0.1				1000.0	5252.6	301814.6	
舟山市	97.3	26.3	9.4	36114.6	67591.7	11791.3	16775.8		100000.0
台州市	93.6	49.3	1.4	1071.7	163139.9	12703.9	5971.0	208518.6	34560.0

资料来源:省农业农村厅、省自然资源厅。
注:全省海洋渔业中包括杭州远洋捕捞产量(2014年开始原省属远洋划入杭州市属地管理)。

3-5 海洋机动渔船拥有量(2018年)

沿海市	海洋机动渔船			其中:生产渔船			远洋渔船	
	艘　数(艘)	总　吨(吨)	总功率(千瓦)	艘　数(艘)	总　吨(吨)	总功率(千瓦)	艘　数(艘)	总功率(千瓦)
全　省	**24420**	**2988110**	**4414582**	**22186**	**2444621**	**3580893**	**703**	**675572**
杭州市	24	14630	27447	24	14630	27447	24	25371
宁波市	5619	579048	869563	5407	526238	782239	55	58466
温州市	5539	257707	430424	5338	223391	363339		
嘉兴市	322	2674	8289	319	2609	7833		
绍兴市	15	1926	3124	15	1926	3124	4	2800
舟山市	7286	1274800	1822601	6188	1004221	1399619	598	583242
台州市	5615	857325	1253134	4895	671606	997292	22	5693

资料来源:省农业农村厅。

3-6 海洋客货运输量和周转量(2018年)

沿海市	客运量(万人)	旅客周转量(万人公里)	货运量(万吨)	其中:远洋	货物周转量(万吨公里)	其中:远洋
全 省	**3265**	**52444**	**75716**	**1644**	**89788965**	**5588418**
省海总			2891	241	4829932	1044433
省远洋						
杭州市			1216		1008084	
宁波市	148	558	25955	434	30899949	766481
温州市	22	1384	3524		3285287	
嘉兴市			543	4	441404	5251
绍兴市			72		75067	
舟山市	2922	48649	27756	965	33279029	3772253
台州市	173	1853	13759		15970213	

资料来源:省自然资源厅(下表同)。

3-7 沿海地区客货吞吐量、集装箱运量和吞吐量情况(2018年)

沿海市	货物吞吐量(万吨)	其中:外贸	旅客吞吐量(万人)	其中:离港	国际标准集装箱吞吐量	
					箱 数(万TEU)	重 量(万吨)
全 省	**133534.3**	**51835.2**	**630.4**	**314.3**	**2898.5**	**29338.6**
宁波港	57651.5	34274.6	150.4	77.1	2509.5	25341.0
温州港	8238.9	543.8	150.4	75.3	66.7	1015.5
嘉兴港	9689.4	1240.3			172.3	1854.7
舟山港	50787.3	15158.2	176.4	85.5	125.6	860.4
台州港	7167.2	618.3	153.1	76.3	24.4	266.9

统计范围:年货物吞吐量100万吨(含)以上或经批准办理外贸运输业务的港口。

四、大气环境

4-1 全省历年废气排放及处理情况(2000-2018年)

年 份	工业废气排放总量(亿立方米)	二氧化硫排放总量(万吨)	#工 业	#生 活	氮氧化物排放总量(万吨)	#工 业	#生 活
2000	6509.00	59.28	56.08	3.10			
2001	8530.00	59.19	55.57	3.62			
2002	8532.00	62.36	59.39	2.97			
2003	10432.00	73.43	70.73	2.70			
2004	11749.00	81.40	78.90	2.50			
2005	13025.00	86.00	83.10	2.93			
2006	14702.00	85.90	82.90	3.03			
2007	17467.00	79.70	77.50	2.24			
2008	17632.70	74.06	71.59	2.47			
2009	18860.33	70.13	67.70	2.43			
2010	20433.77	67.83	65.39	2.44			
2011	24939.88	66.20	64.70	1.45	85.91	69.09	0.36
2012	23967.00	62.58	61.09	1.47	80.88	63.50	0.33
2013	24564.81	59.34	57.91	1.40	75.30	57.35	0.30
2014	26958.35	57.40	56.01	1.36	68.79	51.93	0.34
2015	26842.54	53.78	52.40	1.37	60.77	45.86	0.33
2016	22185.03	26.84	24.52	2.30	38.04	23.25	0.25
2017	31309.51	19.05	18.06	0.97	43.20	20.61	0.16
2018	28498.40	13.73	12.92	0.79	39.21	17.82	0.16

注:2011年环境保护部门对统计制度中的指标体系、调查方法及相关技术规定等进行了修订,统计范围扩展为工业源、农业源、城镇生活源、机动车、集中式污染治理设施5个部分。

4-1 续表

年 份	烟(粉)尘排放总量（万吨）	#工 业	#生 活	工业废气治理设施（套）	工业废气治理设施处理能力（万立方米/时）	本年运行费 用（亿元）
2000				9905		5.13
2001				9290		7.66
2002				9386		8.20
2003				10354		8.72
2004				10909		10.77
2005				11560		13.93
2006				12932		39.77
2007				12118		27.29
2008				13600		31.78
2009				14526		74.40
2010				14574		59.87
2011	32.30	30.24	0.39	16744	69004	79.60
2012	25.40	23.32	0.43	17771	159773	99.03
2013	31.97	29.66	0.69	17512	57354	94.58
2014	37.97	35.88	0.65	18598	62893	98.78
2015	33.04	31.13	0.60	20108	67908	104.61
2016	18.23	16.35	0.61	57278	69498	337.86
2017	15.34	12.93	0.40	25104	435463	134.18
2018	12.51	10.48	0.42	27119	154829	136.76

4-2 各地区废气排放及处理情况(2018年)

单位:吨

地　区	二氧化硫排放总量			
		工　业	生　活	集中式污染治理设施
浙江省	**137303.59**	**129196.59**	**7936.96**	**170.04**
杭州市	17474.16	17165.66	277.58	30.92
宁波市	19488.27	16099.80	3362.60	25.87
温州市	7470.34	7046.16	376.53	47.65
嘉兴市	18884.88	18556.29	326.40	2.20
湖州市	18800.81	18756.63	42.50	1.68
绍兴市	11750.80	11073.67	663.00	14.13
金华市	12193.66	11871.09	307.24	15.33
衢州市	12648.23	12321.88	306.00	20.35
舟山市	1699.60	1393.34	306.00	0.26
台州市	9208.97	8003.94	1199.71	5.32
丽水市	7683.86	6908.12	769.41	6.34

资料来源:省生态环境厅(以下各表同)。

4-2　续表1

单位:吨

地　区	氮氧化物排放总量				
		工　业	生　活	机动车	集中式污染治理设施
浙江省	**392082.52**	**178234.41**	**1594.42**	**211683.00**	**570.69**
杭州市	25387.30	24932.36	265.22		189.72
宁波市	32364.42	31988.71	275.20		100.51
温州市	8328.55	8138.37	96.43		93.75
嘉兴市	17018.09	16894.79	104.76		18.54
湖州市	32289.18	32233.64	48.82		6.72
绍兴市	14446.80	13990.55	373.43		82.82
金华市	13032.77	12913.21	85.79		33.77
衢州市	21371.88	21293.54	60.03		18.32
舟山市	2813.96	2746.09	55.83		12.05
台州市	9734.65	9582.89	142.28		9.48
丽水市	3611.93	3520.26	86.63		5.04

4-2 续表2

单位:吨

地区	烟(粉)尘排放总量	工业	生活	机动车	集中式污染治理设施
浙江省	**125132.78**	**104777.35**	**4182.59**	**16097.00**	**75.84**
杭州市	11850.05	11629.36	197.92		22.78
宁波市	19594.31	17864.56	1720.00		9.75
温州市	1899.49	1584.52	300.32		14.65
嘉兴市	7696.75	7539.78	156.00		0.97
湖州市	14330.23	14289.06	40.00		1.17
绍兴市	6125.42	5596.57	520.00		8.85
金华市	13362.08	13135.03	222.02		5.04
衢州市	16803.34	16716.00	82.50		4.84
舟山市	1233.76	1052.94	180.00		0.82
台州市	8838.54	8150.95	683.01		4.58
丽水市	7301.80	7218.59	80.82		2.39

4-2 续表3

地区	工业废气排放量(亿立方米)	工业废气治理设施数(套)	工业废气治理设施处理能力(万立方米/时)	工业废气治理设施本年运行费用(万元)
浙江省	**28498.40**	**27119**	**154829.16**	**1367620.33**
杭州市	3442.26	3128	11179.70	142824.46
宁波市	7090.16	3703	40910.28	304169.57
温州市	2198.10	3052	5300.37	135907.85
嘉兴市	3958.77	3029	14005.28	222571.32
湖州市	2341.77	2758	48909.73	63796.65
绍兴市	2597.28	3951	11547.75	140361.35
金华市	1352.32	2607	5819.01	135468.61
衢州市	2245.88	1623	7728.08	41395.89
舟山市	595.32	171	2103.78	26955.72
台州市	1800.81	1690	4775.36	132689.51
丽水市	875.74	1407	2549.82	21479.40

4-3 各行业工业废气排放及处理情况(2018年)

行　业	工业废气排放量(亿立方米)	工业废气治理设施数(套)	工业废气治理设施处理能力(万立方米/时)	工业废气治理设施运行费用(万元)
行业总计	**28498.40**	**27119**	**154829.16**	**1367620.33**
农、林、牧、渔专业及辅助性活动	0.36	4	20.61	41.20
黑色金属矿采选业				
有色金属矿采选业	0.48	7	3.56	27.00
非金属矿采选业	2.44	22	24.76	147.90
其他采矿业				
农副食品加工业	33.51	188	886.97	2254.42
食品制造业	38.08	124	146.77	3215.84
酒、饮料和精制茶制造业	45.78	76	61.13	1037.94
烟草制品业	1.00	69	3.90	334.00
纺织业	1927.05	3248	9115.77	103227.79
纺织服装、服饰业	23.72	88	182.75	1684.15
皮革、毛皮、羽毛及其制品和制鞋业	35.09	309	287.81	3000.17
木材加工和木、竹、藤、棕、草制品业	51.85	408	36084.86	4259.15
家具制造业	79.16	524	1491.37	4043.13
造纸和纸制品业	374.74	309	1030.88	22502.35
印刷和记录媒介复制业	178.94	348	833.42	10315.92
文教、工美、体育和娱乐用品制造业	73.26	547	686.26	3352.84
石油、煤炭及其他燃料加工业	531.41	58	395.18	41781.90
化学原料和化学制品制造业	2385.10	2265	4889.38	133617.79
医药制造业	273.31	659	6436.28	24822.23

4-3 续表1

行 业	工业废气排放量（亿立方米）	工业废气治理设施数（套）	工业废气治理设施处理能力（万立方米/时）	工业废气治理设施运行费用（万元）
化学纤维制造业	598.34	629	2392.51	17519.85
橡胶和塑料制品业	953.83	1412	3036.34	31946.10
非金属矿物制品业	3628.49	3918	12317.84	79300.07
黑色金属冶炼和压延加工业	2599.73	517	5396.35	47359.76
有色金属冶炼和压延加工业	299.64	540	3491.04	24264.39
金属制品业	1157.33	5620	6079.50	39881.02
通用设备制造业	198.19	913	1638.06	8679.35
专用设备制造业	80.76	261	435.80	3693.52
汽车制造业	331.88	574	1590.06	14632.53
铁路、船舶、航空航天和其他运输设备制造业	78.30	231	908.28	4288.37
电气机械和器材制造业	504.91	1481	1840.03	16985.53
计算机、通信和其他电子设备制造业	199.52	494	633.51	7322.83
仪器仪表制造业	2.55	21	19.11	156.60
其他制造业	96.76	260	25700.86	5108.86
废弃资源综合利用业	44.36	111	168.92	12257.40
金属制品、机械和设备修理业	1.99	23	87.08	3293.00
电力、热力生产和供应业	11666.10	860	26511.99	691065.46
燃气生产和供应业	0.45	1	0.20	200.00

4-3 续表2

单位:吨

行 业	工业二氧化硫排放量	工业氮氧化物排放量	工业烟(粉)尘排放量
行业总计	**90336.93**	**146685.76**	**85067.83**
农、林、牧、渔专业及辅助性活动	0.41	0.75	0.87
黑色金属矿采选业			
有色金属矿采选业	0.09	0.41	27.28
非金属矿采选业	56.64	17.68	101.37
其他采矿业			50.12
农副食品加工业	489.26	500.81	690.21
食品制造业	342.91	258.25	171.16
酒、饮料和精制茶制造业	182.96	171.52	190.30
烟草制品业	0.78	1.21	0.46
纺织业	5197.52	5647.77	2619.76
纺织服装、服饰业	86.28	176.23	119.15
皮革、毛皮、羽毛及其制品和制鞋业	62.05	102.06	99.50
木材加工和木、竹、藤、棕、草制品业	326.91	259.50	964.56
家具制造业	30.88	36.53	310.21
造纸和纸制品业	3676.30	2706.79	1432.58
印刷和记录媒介复制业	45.28	92.69	114.54
文教、工美、体育和娱乐用品制造业	27.00	41.78	80.99
石油、煤炭及其他燃料加工业	354.43	2406.36	166.70
化学原料和化学制品制造业	4594.54	6430.56	2939.85
医药制造业	1195.52	995.58	568.54

4-3 续表3

单位:吨

行　业	工业二氧化硫排放量	工业氮氧化物排放量	工业烟(粉)尘排放量
化学纤维制造业	3862.19	3826.40	717.17
橡胶和塑料制品业	1995.71	1005.69	1488.73
非金属矿物制品业	17443.95	46412.78	43361.16
黑色金属冶炼和压延加工业	5028.42	11719.29	10579.30
有色金属冶炼和压延加工业	896.92	766.58	789.08
金属制品业	450.64	1108.11	1525.41
通用设备制造业	264.06	247.98	388.26
专用设备制造业	18.40	45.92	129.31
汽车制造业	109.79	504.63	428.28
铁路、船舶、航空航天和其他运输设备制造业	31.32	176.78	166.03
电气机械和器材制造业	137.45	163.08	152.11
计算机、通信和其他电子设备制造业	389.58	255.67	604.57
仪器仪表制造业	0.02	0.64	0.10
其他制造业	282.12	214.32	2800.63
废弃资源综合利用业	204.92	160.54	182.85
金属制品、机械和设备修理业	0.23	0.91	2.87
电力、热力生产和供应业	42550.87	60220.73	11103.79
燃气生产和供应业	0.60	6.23	

4-4 主要城市工业废气排放及处理情况(2018年)

单位:吨

城市	工业废气排放量(亿立方米)	工业二氧化硫排放量	工业氮氧化物排放量	工业烟(粉)尘排放量	生活二氧化硫排放量	生活氮氧化物排放量	生活烟尘排放量
杭州市	3442.26	17165.66	24932.36	11629.36	277.58	265.22	197.92
宁波市	7090.16	16099.80	31988.71	17864.56	3362.60	275.20	1720.00
温州市	2198.10	7046.16	8138.37	1584.52	376.53	96.43	300.32
嘉兴市	3958.77	18556.29	16894.79	7539.78	326.40	104.76	156.00
湖州市	2341.77	18756.63	32233.64	14289.06	42.50	48.82	40.00
绍兴市	2597.28	11073.67	13990.55	5596.57	663.00	373.43	520.00
金华市	1352.32	11871.09	12913.21	13135.03	307.24	85.79	222.02
衢州市	2245.88	12321.88	21293.54	16716.00	306.00	60.03	82.50
舟山市	595.32	1393.34	2746.09	1052.94	306.00	55.83	180.00
台州市	1800.81	8003.94	9582.89	8150.95	1199.71	142.28	683.01
丽水市	875.74	6908.12	3520.26	7218.59	769.41	86.63	80.82

五、固体废物

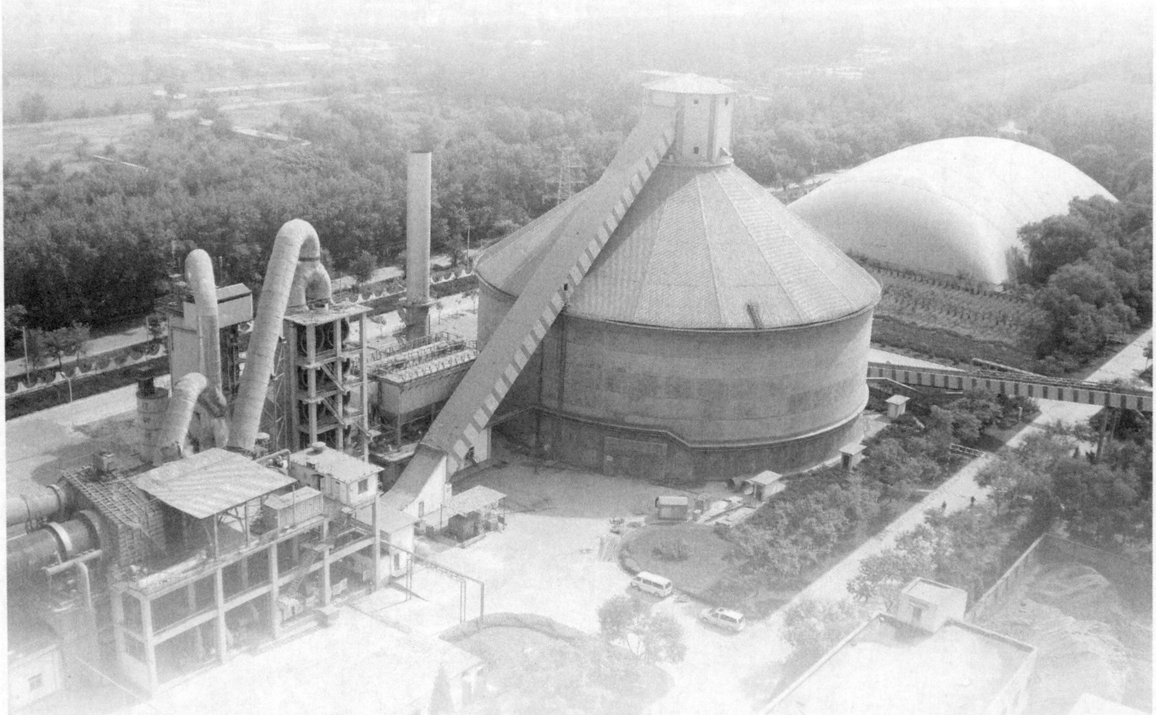

5-1 全省历年工业固体废物产生、排放和综合利用情况(2000-2017年)

年 份	工业固体废物产生量（万吨）	工业固体废物排放量（万吨）	工业固体废物综合利用量（万吨）	工业固体废物贮存量（万吨）	工业固体废物处置量（万吨）	工业固体废物综合利用率（%）
2000	1385.73	6.42	1099.41	142.25	102.51	79.34
2001	1603.15	5.40	1390.24	129.84	139.16	83.56
2002	1778.00	5.16	1506.00	131.55	159.76	83.56
2003	1976.00	4.44	1722.00	33.82	222.40	86.94
2004	2317.66	4.43	2037.27	15.52	256.41	87.83
2005	2513.83	5.64	2335.51	24.61	157.65	92.56
2006	3096.31	5.18	2854.83	90.15	161.91	91.77
2007	3613.45	1.44	3333.72	101.06	179.06	92.23
2008	3785.11	1.67	3497.54	222.53	180.61	92.19
2009	3909.66	0.78	3585.85	74.70	255.96	91.55
2010	4267.58	0.62	4032.81	68.92	174.48	94.31
2011	4528.65	0.34	4128.78	45.29	362.08	91.07
2012	4542.00	0.40	4110.70	69.32	365.90	90.45
2013	4404.26		4123.10	53.80	247.62	93.24
2014	4699.64		4365.14	52.55	294.72	92.75
2015	4677.99		4338.17	43.75	312.41	92.55
2016	4495.67	0.28	4040.18	40.02	459.42	89.34
2017	4827.58	...	4364.46	70.23	314.98	93.72
2018	4748.84		4581.04	20.33	169.90	96.14

注:2011年环境保护部门对统计制度中的指标体系、调查方法及相关技术规定等进行了修订,故不能与2010年直接比较。

5-2 各地区工业固体废物产生和排放情况(2018年)

单位:万吨

地　区	一般工业固体废物产生量	一般工业固体废物综合利用量	一般工业固体废物处置量	一般工业固体废物贮存量	一般工业固体废物倾倒丢弃量
全　省	**4748.84**	**4581.04**	**169.90**	**20.33**	**…**
杭州市	526.15	459.51	68.87	1.89	
宁波市	1248.99	1229.13	19.52	4.19	
温州市	360.76	355.60	4.32	1.28	
嘉兴市	529.55	522.50	6.38	4.43	
湖州市	246.04	245.34	0.40	0.46	
绍兴市	386.72	365.23	23.10	3.44	
金华市	251.09	245.57	5.54	0.31	…
衢州市	520.81	519.10	0.44	3.34	…
舟山市	145.77	125.93	21.32	0.29	
台州市	413.49	394.64	18.56	0.59	
丽水市	119.48	118.49	1.44	0.10	

资料来源:省生态环境厅(以下各表同)。

5-2　续表

单位:万吨

地　区	危险废物产生量	危险废物综合利用量	危险废物处置量	危险废物贮存量
全　省	**385.48**	**169.88**	**214.20**	**21.59**
杭州市	66.17	44.27	17.79	5.70
宁波市	103.94	53.76	50.20	1.91
温州市	18.71	3.59	15.21	0.39
嘉兴市	65.77	34.53	29.98	3.89
湖州市	19.78	3.34	16.32	0.58
绍兴市	36.73	7.94	28.75	4.07
金华市	21.36	3.08	18.71	2.01
衢州市	5.76	3.23	2.50	0.16
舟山市	3.27	0.02	3.06	0.37
台州市	30.21	7.77	25.80	2.36
丽水市	13.77	8.35	5.87	0.15

5-3 各地区工业固体废物综合利用和处置情况(2018年)

单位:万吨

地　区	工业固体废物产生量	工业固体废物综合利用量	综合利用往年贮存量	工业固体废物综合利用率（%）
全　省	**4748.84**	**4581.04**	**16.13**	**96.14**
杭州市	526.15	459.51	1.81	87.03
宁波市	1248.99	1229.13	2.87	98.18
温州市	360.76	355.60	0.30	98.49
嘉兴市	529.55	522.50	3.70	97.98
湖州市	246.04	245.34	0.17	99.65
绍兴市	386.72	365.23	4.36	93.39
金华市	251.09	245.57	0.18	97.73
衢州市	520.81	519.10	2.07	99.28
舟山市	145.77	125.93	0.03	86.37
台州市	413.49	394.64	0.14	95.41
丽水市	119.48	118.49	0.51	98.75

5-3　续表

单位:万吨

地　区	工业固体废物处置量	处置往年贮存量	工业固体废物处置率（%）
全　省	**169.90**	**6.30**	**3.57**
杭州市	68.87	2.31	13.03
宁波市	19.52	0.97	1.56
温州市	4.32	0.14	1.20
嘉兴市	6.38	0.06	1.20
湖州市	0.40	...	0.16
绍兴市	23.10	0.70	5.96
金华市	5.54	0.16	2.20
衢州市	0.44	0.01	0.09
舟山市	21.32	1.75	14.46
台州市	18.56	0.16	4.49
丽水市	1.44	0.04	1.21

5-4 各行业固体废物产生和排放情况（2018年）

单位：万吨

行　业	一般工业固体废物产生量	一般工业固体废物综合利用量	一般工业固体废物处置量	一般工业固体废物贮存量	一般工业固体废物倾倒丢弃量
行业总计	**4334.85**	**4181.68**	**155.03**	**20.14**	
农、林、牧、渔专业及辅助性活动	0.24	0.21	0.02	...	
黑色金属矿采选业	52.47	52.47			
有色金属矿采选业	65.42	60.63	4.69	0.30	
非金属矿采选业	61.67	61.80		0.17	
其他采矿业	...	...			
农副食品加工业	35.59	32.99	2.61	0.01	
食品制造业	14.92	14.17	0.75	0.05	
酒、饮料和精制茶制造业	72.73	70.26	2.50	0.01	
烟草制品业	1.03	1.03			
纺织业	188.38	162.41	27.15	3.64	
纺织服装、服饰业	1.37	1.25	0.10	0.05	
皮革、毛皮、羽毛及其制品和制鞋业	8.63	7.43	1.23	0.34	
木材加工和木、竹、藤、棕、草制品业	5.45	5.26	0.21	0.01	
家具制造业	6.20	5.92	0.26	0.03	
造纸和纸制品业	220.55	213.03	7.36	2.66	
印刷和记录媒介复制业	5.17	4.54	0.65	0.03	
文教、工美、体育和娱乐用品制造业	1.06	0.91	0.17	...	
石油、煤炭及其他燃料加工业	82.80	82.80	...		
化学原料和化学制品制造业	182.75	176.65	6.11	1.28	
医药制造业	15.31	12.93	2.34	0.13	

5-4 续表1

单位:万吨

行　业	一般工业固体废物产生量	一般工业固体废物综合利用量	一般工业固体废物处置量	一般工业固体废物贮存量	一般工业固体废物倾倒丢弃量
化学纤维制造业	44.26	37.83	7.34	0.40	
橡胶和塑料制品业	13.51	12.10	1.31	0.12	
非金属矿物制品业	38.03	34.68	3.08	0.51	
黑色金属冶炼和压延加工业	621.70	617.40	2.28	3.52	
有色金属冶炼和压延加工业	94.89	94.46	1.31	0.37	
金属制品业	33.45	28.43	5.15	0.13	
通用设备制造业	79.94	76.12	3.77	0.15	
专用设备制造业	4.60	3.49	1.10	0.02	
汽车制造业	20.17	14.39	5.85	0.11	
铁路、船舶、航空航天和其他运输设备制造业	21.03	11.46	9.57	0.01	
电气机械和器材制造业	11.75	10.22	1.79	0.07	
计算机、通信和其他电子设备制造业	5.76	5.18	0.37	0.35	
仪器仪表制造业	0.13	0.10	0.03	...	
其他制造业	4.28	4.22	0.06	...	
废弃资源综合利用业	25.73	9.65	17.35	0.47	
金属制品、机械和设备修理业	24.64	14.71	11.41	0.29	
电力、热力生产和供应业	2269.25	2240.56	27.10	4.91	
燃气生产和供应业					

5-4 续表2

单位:万吨

行 业	危险废物产生量	危险废物综合利用量	危险废物处置量	危险废物贮存量
行业总计	**385.48**	**169.88**	**214.19**	**21.58**
农、林、牧、渔专业及辅助性活动	...	...	...	...
黑色金属矿采选业				
有色金属矿采选业	0.55		0.55	
非金属矿采选业				
其他采矿业				
农副食品加工业	0.03	0.02	0.01	...
食品制造业	0.09	0.01	0.08	0.02
酒、饮料和精制茶制造业	0.01	...	0.01	...
烟草制品业	...	...		...
纺织业	3.09	0.97	1.80	0.61
纺织服装、服饰业	0.03	0.01	0.02	...
皮革、毛皮、羽毛及其制品和制鞋业	0.41	0.26	0.16	0.05
木材加工和木、竹、藤、棕、草制品业	0.10	0.05	0.05	0.01
家具制造业	0.53	0.11	0.37	0.10
造纸和纸制品业	0.29	0.04	0.27	0.04
印刷和记录媒介复制业	0.40	0.06	0.33	0.04
文教、工美、体育和娱乐用品制造业	0.45	0.04	0.37	0.08
石油、煤炭及其他燃料加工业	3.53	0.93	2.60	...
化学原料和化学制品制造业	126.90	78.79	48.36	2.29
医药制造业	16.44	3.68	13.61	0.99

5-4 续表3

单位:万吨

行业	危险废物产生量	危险废物综合利用量	危险废物处置量	危险废物贮存量
化学纤维制造业	1.84	0.22	1.66	0.35
橡胶和塑料制品业	1.80	0.54	1.32	0.15
非金属矿物制品业	0.13	0.07	0.08	0.02
黑色金属冶炼和压延加工业	34.50	24.87	9.30	1.05
有色金属冶炼和压延加工业	10.25	7.09	3.11	0.81
金属制品业	60.90	27.78	34.30	3.50
通用设备制造业	10.84	5.05	5.83	0.45
专用设备制造业	1.15	0.13	0.97	0.08
汽车制造业	5.89	1.20	4.71	0.25
铁路、船舶、航空航天和其他运输设备制造业	1.17	0.03	1.08	0.16
电气机械和器材制造业	3.17	0.68	2.41	0.25
计算机、通信和其他电子设备制造业	12.46	10.10	2.17	0.39
仪器仪表制造业	0.04	0.01	0.03	0.00
其他制造业	1.85	0.35	1.57	0.03
废弃资源综合利用业	3.87	1.40	2.37	0.18
金属制品、机械和设备修理业	0.62	0.01	0.45	0.22
电力、热力生产和供应业	82.15	5.40	74.24	9.45
燃气生产和供应业	0.01		0.01	

5-5 各行业工业固体废物综合利用和处置情况(2018年)

单位:万吨

行 业	工业固体废物产生量	工业固体废物综合利用量	综合利用往年贮存量	工业固体废物综合利用率(%)
行业合计	**4258.78**	**3975.06**	**27.10**	**92.70**
农、林、牧、渔专业及辅助性活动	0.24	0.21		89.50
黑色金属矿采选业	52.47	52.47		100.00
有色金属矿采选业	65.42	60.63	0.20	92.39
非金属矿采选业	61.67	61.80	0.30	99.73
其他采矿业	…	…		100.00
农副食品加工业	35.59	32.99	…	92.67
食品制造业	14.92	14.17	0.06	94.65
酒、饮料和精制茶制造业	72.73	70.26	0.04	96.55
烟草制品业	1.03	1.03		100.00
纺织业	188.38	162.41	4.48	84.21
纺织服装、服饰业	1.37	1.25	0.03	89.16
皮革、毛皮、羽毛及其制品和制鞋业	8.63	7.43	0.28	83.44
木材加工和木、竹、藤、棕、草制品业	5.45	5.26	0.01	96.25
家具制造业	6.20	5.92	0.01	95.35
造纸和纸制品业	220.55	213.03	2.38	95.56
印刷和记录媒介复制业	5.17	4.54	0.03	87.16
文教、工美、体育和娱乐用品制造业	1.06	0.91	0.01	84.02
石油、煤炭及其他燃料加工业	82.80	82.80		100.00
化学原料和化学制品制造业	182.75	176.65	0.92	96.18
医药制造业	15.31	12.93		84.43

5-5 续表1

单位:万吨

行　业	工业固体废物产生量	工业固体废物综合利用量	综合利用往年贮存量	工业固体废物综合利用率(%)
化学纤维制造业	41.45	33.74	0.30	80.80
橡胶和塑料制品业	19.17	16.60	0.08	86.22
非金属矿物制品业	41.09	33.54	0.24	81.16
黑色金属冶炼和压延加工业	569.69	557.08	2.96	97.28
有色金属冶炼和压延加工业	51.37	40.91	3.39	74.71
金属制品业	74.75	41.49	1.03	54.75
通用设备制造业	31.27	22.17	0.10	70.68
专用设备制造业	4.48	2.80	0.01	62.41
汽车制造业	23.86	13.63	0.08	56.94
铁路、船舶、航空航天和其他运输设备制造业	17.89	13.90	0.05	77.50
电气机械和器材制造业	15.52	9.73	0.20	61.88
计算机、通信和其他电子设备制造业	16.42	7.49	0.13	45.28
仪器仪表制造业	0.10	0.07	...	69.53
其他制造业	4.77	2.64	0.01	55.12
废弃资源综合利用业	15.90	15.42	0.60	93.46
金属制品、机械和设备修理业	12.86	11.37	1.34	80.02
电力、热力生产和供应业	2296.46	2185.81	7.81	94.86
燃气生产和供应业				

5-5 续表2

单位:万吨

行 业	工业固体废物处置量	处置往年贮存量	工业固体废物处置率(%)
行业合计	**155.03**	**6.14**	**3.64**
农、林、牧、渔专业及辅助性活动	0.02		10.17
黑色金属矿采选业			
有色金属矿采选业	4.69		7.17
非金属矿采选业			
其他采矿业			
农副食品加工业	2.61	0.01	7.33
食品制造业	0.75	...	5.06
酒、饮料和精制茶制造业	2.50	...	3.44
烟草制品业			
纺织业	27.15	0.34	14.39
纺织服装、服饰业	0.10	...	7.46
皮革、毛皮、羽毛及其制品和制鞋业	1.23	0.10	14.09
木材加工和木、竹、藤、棕、草制品业	0.21	0.01	3.80
家具制造业	0.26	...	4.14
造纸和纸制品业	7.36	0.13	3.34
印刷和记录媒介复制业	0.65	0.01	12.51
文教、工美、体育和娱乐用品制造业	0.17	...	15.98
石油、煤炭及其他燃料加工业	...		...
化学原料和化学制品制造业	6.11	0.37	3.34
医药制造业	2.34	0.04	15.22

5-5　续表3

单位:万吨

行　业	工业固体废物处置量	处置往年贮存量	工业固体废物处置率（%）
化学纤维制造业	7.34	1.24	16.14
橡胶和塑料制品业	1.31	0.01	9.70
非金属矿物制品业	3.08	0.01	8.09
黑色金属冶炼和压延加工业	2.28	0.01	0.37
有色金属冶炼和压延加工业	1.31	0.08	1.38
金属制品业	5.15	0.08	15.36
通用设备制造业	3.77	0.01	4.72
专用设备制造业	1.10	0.01	23.85
汽车制造业	5.85	0.14	28.78
铁路、船舶、航空航天和其他运输设备制造业	9.57	...	45.49
电气机械和器材制造业	1.79	0.05	15.14
计算机、通信和其他电子设备制造业	0.37	0.03	6.38
仪器仪表制造业	0.03	...	22.39
其他制造业	0.06	0.01	1.49
废弃资源综合利用业	17.35	1.66	63.35
金属制品、机械和设备修理业	11.41	1.74	43.26
电力、热力生产和供应业	27.10	0.05	1.19
燃气生产和供应业			

六、自然生态

6-1 全省历年自然生态情况(2000-2018年)

年 份	自然保护区数(个)	自然保护区面 积(万公顷)	保护区面积占辖区面积比重(%)	累计除涝面积(千公顷)	累计水土流失治理面积(千公顷)
2000	29	13.20	1.30	474.50	2117.45
2001	29	13.50	1.30	472.12	2067.35
2002	46	15.90	1.56	477.03	2072.38
2003	50	16.20	1.59	479.93	2134.07
2004	50	27.70	2.70	482.76	2207.62
2005	55	26.30	2.50	489.28	2227.95
2006	137	26.40	2.54	491.88	2256.03
2007	48	12.43	1.20	495.36	2336.72
2008	32	13.02	1.25	496.61	2334.58
2009	32	13.02	1.25	496.61	2401.85
2010	87	16.22	1.46	496.71	2431.64
2011	32	19.79	1.90	499.71	3601.31
2012	32	19.79	1.90	501.44	3579.64
2013	33	20.00	1.92	507.30	3645.59
2014	33	20.00	1.92	523.52	3644.48
2015	35	20.13	1.93	537.65	3655.40
2016	37	21.28	2.03	548.33	3699.86
2017	36	21.20	2.01	554.56	3749.91
2018	26	18.53	1.75	556.40	3692.54

6-2 各地区自然保护基本情况(2018年)

地 区	自然保护区 数(个)	#国家级	#省级	自然保护区面 积(万公顷)	#国家级	#省级	保护区面积占辖区面积比重(%)
全 省	**26**	**11**	**15**	**18.53**	**14.87**	**3.66**	**1.75**
杭州市	2	2		1.55	1.55		0.92
宁波市	1	1		4.85	4.85		4.98
温州市	3	2	1	4.09	3.90	0.19	3.38
嘉兴市							
湖州市	3	2	1	0.16	0.15	0.01	0.27
绍兴市	2		2	0.99		0.99	1.20
金华市	2	1	1	0.69	0.46	0.24	0.63
衢州市	5	1	4	1.84	0.81	1.03	2.08
舟山市	1		1	0.05		0.05	0.34
台州市	1		1	0.27		0.27	0.27
丽水市	6	2	4	4.03	3.16	0.87	2.33

资料来源:省林业局(以下各表同)。

注:自然保护区统计口径为省级以上保护区。

6-3 海洋类型自然、特别保护区建设情况(2018年)

保护区名称	海洋保护区(个)		海洋自然保护区						
			保护区数量(个)		按保护级别分(个)			按保护类型分(个)	
	已建	保护区面积(平方公里)	已建	新建	国家级	省级	市、县级	海洋和海岸生态系统	海洋生物物种
全　省	**15**	**2327.80**	**3**		**2**	**1**		**2**	**1**
秀山湿地自然保护区									
小沙河海滩岩自然保护区									
五峙山列岛海洋自然保护区(由环保局管理)	1	5.00	1			1			1
温岭市积洛(屿)三(蒜)牛(山)资源增值保护区									
苍南文蛤省级水产种质资源保护区									
南麂列岛国家自然保护区	1	201.06	1		1			1	
韭山列岛国家级海洋生态自然保护区	1	484.78	1		1			1	
浙江普陀中街山列岛海洋特别保护区	1	218.40							
嵊泗马鞍列岛海洋特别保护区	1	549.00							
台州椒江大陈省级海洋生态特别保护区	1	21.60							
玉环国家级海洋公园	1	306.69							
乐清市西门岛海洋特别保护区	1	31.20							
浙江苍南七星列岛省级海洋特别保护区	1	43.83							
温州龙湾海洋公园	1	22.95							
铜盘岛省级海洋特别保护区	1	22.08							
温州洞头南北爿山省级海洋特别保护区	1	8.98							
洞头国家级海洋公园	1	311.04							
渔山列岛国家级海洋生态特别保护区	1	57.00							
宁波象山花岙岛国家级海洋公园	1	44.19							

6-3 续表

保护区名称	海洋自然保护区			海洋特别保护区				
	按保护类型分（个）		保护区面积（平方公里）	保护区数量（个）		按保护级别分（个）		保护区面积（平方公里）
	海洋自然遗迹和非生物资源	其它		已建	新建	国家级	地方级	
全 省			**690.84**	**12**		**7**	**5**	**1636.96**
秀山湿地自然保护区								
小沙河海滩岩自然保护区								
五峙山列岛海洋自然保护区（由环保局管理）			5.00					
温岭市积洛（屿）三（蒜）牛（山）资源增值保护区								
苍南文蛤省级水产种质资源保护区								
南麂列岛国家自然保护区			201.06					
韭山列岛国家级海洋生态自然保护区			484.78					
浙江普陀中街山列岛海洋特别保护区				1		1		218.40
嵊泗马鞍列岛海洋特别保护区				1		1		549.00
台州椒江大陈省级海洋生态特别保护区				1			1	21.60
玉环国家级海洋公园				1		1		306.69
乐清市西门岛海洋特别保护区				1		1		31.20
浙江苍南七星列岛省级海洋特别保护区				1			1	43.83
温州龙湾海洋公园				1			1	22.95
铜盘岛省级海洋特别保护区				1			1	22.08
温州洞头南北爿山省级海洋特别保护区				1			1	8.98
洞头国家级海洋公园				1		1		311.04
渔山列岛国家级海洋生态特别保护区				1		1		57.00
宁波象山花岙岛国家级海洋公园				1		1		44.19

6-4 各地区地质公园建设情况(2018年)

地 区	地质公园(个)	#国家级	地质公园面积(公顷)	#国家级	地质公园类别(个) 地质构造、剖面和形迹	古生物化石	地质地貌景观
全 省	**14**	**4**	**93021**	**24782**	**5**		**9**
杭州市	1		2017				1
宁波市	2		9850				2
温州市	2		33155				2
嘉兴市							
湖州市							
绍兴市	1	1	5307	5307	1		
金华市	1		5084				1
衢州市	2		5011		1		1
舟山市							
台州市	3	2	17259	14025	2		1
丽水市	2	1	15338	5450	1		1

6-5 各地区矿山环境保护情况(2017年)

地 区	累计矿山占用破坏土地(公顷)	矿山环境恢复治理 投入资金(万元)	本年恢复面积(公顷)
全 省	**16845.30**	**138167.62**	**1311.18**
杭州市	2243.97	14755.00	66.35
宁波市	1105.86	10232.10	83.09
温州市	1383.18	12924.75	172.58
嘉兴市	27.87	401.23	14.27
湖州市	2240.86	32258.00	297.00
绍兴市	875.66	3399.72	123.61
金华市	416.67	3990.25	146.01
衢州市	1555.80	2194.00	24.38
舟山市	1931.82	32545.64	210.56
台州市	1668.15	23755.46	127.15
丽水市	3395.46	1711.47	46.17

资料来源:省自然资源厅。

6-6 各流域除涝和水土流失治理情况(2018年)

单位:千公顷

流域片	累计除涝面积	本年新增除涝面积	累计水土流失治理面积	#小流域治理面积	本年新增水土流失治理面积
浙江省	**556.40**		**3692.54**	**673.29**	**45.45**
太湖流域	274.64		269.88	92.11	3.08
东南诸河流域	281.76		3422.66	581.18	42.37

资料来源:省水利厅(下表同)。

6-7 各地区除涝和水土流失治理情况(2018年)

单位:千公顷

地区	累计除涝面积	本年新增除涝面积	累计水土流失治理面积	#小流域治理面积	本年新增水土流失治理面积
全省	**556.40**	**2.37**	**3692.54**	**673.29**	**45.45**
杭州市	59.67	0.30	662.37	151.73	6.14
宁波市	79.22		261.71	9.16	2.55
温州市	72.51	0.13	528.63	69.26	12.95
嘉兴市	133.62	0.72	3.39	0.28	
湖州市	98.32	0.30	145.88	20.59	1.93
绍兴市	42.06	0.20	250.49	62.47	3.55
金华市	12.36		292.48	148.98	3.89
衢州市	3.95	0.11	394.61	82.88	4.61
舟山市	6.23	0.01	56.54		0.30
台州市	39.07	0.48	257.91	14.08	3.84
丽水市	9.39	0.12	838.53	113.86	5.69

6-8 各地区湿地情况

单位:公顷

地 区	湿地面积						人工湿地	湿地面积占我省土地面积比重(%)
		自然湿地	近岸及海岸	河流	湖泊	沼泽		
全 省	**1110103**	**843465**	**692699**	**141229**	**8793**	**744**	**266638**	**10.59**
杭州市	117816	39818	22492	16729	556	41	77998	7.10
宁波市	231656	193157	181002	11762	124	270	38499	23.60
温州市	214554	197252	184727	12513	12		17301	17.75
嘉兴市	81721	72713	50491	18491	3689	42	9008	19.35
湖州市	47803	21268		17186	3984	97	26535	8.21
绍兴市	58935	35241	19004	15839	308	91	23694	7.12
金华市	32004	11316		11269	39	9	20688	2.92
衢州市	21502	10816		10734		82	10686	2.43
舟山市	68871	62949	62769	180			5921	47.30
台州市	206106	184583	171448	12976	81	78	21524	21.90
丽水市	29136	14351	766	13551		34	14785	1.68

资料来源:省林业局。

注:该数据为2012年的调查数,湿地调查起点面积在8公顷以上,不含人工湿地水稻田面积。

七、土地利用

7-1 全省历年土地利用情况(2000-2018年)

单位:万公顷

年 份	农用地	耕 地	园 地	林 地	牧草地	其他农用地	建设用地	城镇村及工矿用地	交通运输用地(不含农村道路)	水利设施用地
2000	872.96	208.93	60.02	555.36	0.16	48.49	78.21	58.69	5.31	14.21
2001	871.45	208.17	58.97	556.25	0.15	47.91	80.50	60.71	5.51	14.28
2002	868.99	204.61	58.28	557.11	0.15	48.84	83.77	63.58	5.83	14.36
2003	866.28	203.04	56.82	557.36	0.15	48.91	87.42	66.70	6.34	14.38
2004	864.08	199.86	58.22	557.07	0.15	48.78	90.68	69.28	7.01	14.39
2005	871.15	194.77	65.54	562.05	0.05	48.74	94.09	72.63	8.00	13.46
2006	872.66	191.65	69.23	564.48	0.05	47.25	97.48	75.40	8.57	13.51
2007	869.88	191.75	67.79	563.71	0.05	46.58	101.31	78.64	9.03	13.64
2008	867.15	192.09	66.15	562.88	0.05	45.98	104.93	81.71	9.46	13.76
2009	871.16	198.67	62.90	568.73	0.04	40.82	114.23	88.90	11.72	13.61
2010	869.26	198.37	62.09	568.14	0.03	40.63	117.03	91.05	12.33	13.65
2011	867.59	198.16	61.27	567.49	0.03	40.64	119.51	92.94	12.80	13.77
2012	866.07	197.94	60.58	566.92	0.03	40.60	121.58	94.70	13.09	13.79
2013	864.21	197.85	59.79	566.16	0.03	40.38	124.09	96.69	13.52	13.88
2014	862.43	197.66	59.08	565.33	0.03	40.33	126.61	98.68	13.97	13.96
2015	861.22	197.79	58.50	564.65	0.03	40.24	128.32	99.94	14.35	14.03
2016	859.88	197.46	58.03	564.25	0.03	40.11	130.09	101.18	14.79	14.13
2017	858.89	197.70	57.43	563.78	0.03	39.95	131.82	102.41	15.16	14.25
2018	858.02	197.93	56.83	563.40	0.03	39.83	133.18	103.34	15.57	14.27

注:1、表内数据为年度土地变更调查数据。

2、2000年、2001年土地利用分类为《土地利用现状分类》(8大类)分类,2002-2008为《全国土地分类》(过渡时期适用)分类,2009年-2014年土地利用分类为《土地利用现状分类》(GBT21010-2007)分类;为使数据有可比性,2000年、2001年、2009年-2014年数据按《全国土地分类》(过渡时期适用)地类进行归并统计。

3、2002年开始,土地分类增设了可调整地类(耕地变为可调整地类不视为耕地减少),本表中耕地面积未包含可调整地类面积,园地、林地、草地中则未扣除可调整地类面积。

4、2009年数据来自于浙江省第二次土地调查。

5、二次调查前,城镇村及工矿用地地类在土地利用分类标准中名称为居民点及工矿用地。

7-2 各地区土地利用情况(2018年)

单位:公顷

地 区	土地调查面积	农用地	耕 地	园 地	林 地	牧草地	其他农用地
全 省	**10558481.02**	**8580238.22**	**1979305.67**	**568319.65**	**5634024.58**	**342.11**	**398246.21**
杭州市	1685003.13	1369789.29	208800.33	101210.03	1017096.85	30.78	42651.30
宁波市	973161.05	672241.51	218680.16	43909.29	369819.47		39832.59
温州市	1211000.87	973610.29	242313.54	30652.52	651054.95		49589.28
嘉兴市	422313.11	249682.64	205394.79	18960.43	2667.95		22659.47
湖州市	582025.74	451997.96	151687.01	49466.01	215257.68		35587.26
绍兴市	827907.98	655126.24	198450.51	61569.02	353767.91		41338.80
金华市	1094174.69	930811.57	220744.95	71446.34	588281.07		50339.21
衢州市	884455.18	784181.44	141982.66	80232.37	533482.08		28484.33
舟山市	145876.44	83664.37	23044.79	2078.11	50614.55		7926.92
台州市	1005042.60	788643.33	193273.73	56262.87	502079.57		37027.16
丽水市	1727520.23	1620489.58	174933.20	52532.66	1349902.50	311.33	42809.89

资料来源:省自然资源厅(下表同)。

7-2 续表

单位:公顷

地 区	建设用地	城镇村及工矿用地	交通运输用地（不含农村道路）	水利设施用 地
全 省	**1331780.65**	**1033407.55**	**155718.68**	**142654.42**
杭州市	243251.42	159568.58	25949.83	57733.01
宁波市	195166.44	159474.73	22588.61	13103.10
温州市	118333.00	96291.11	14693.86	7348.03
嘉兴市	119389.49	104806.11	13276.22	1307.16
湖州市	97702.91	79399.54	11570.38	6732.99
绍兴市	122850.35	98460.49	14748.49	9641.37
金华市	137626.66	107227.47	17086.41	13312.78
衢州市	74828.24	56416.95	8669.18	9742.11
舟山市	36180.83	29481.09	4742.21	1957.53
台州市	124858.27	99665.80	13630.28	11562.19
丽水市	61593.04	42615.68	8763.21	10214.15

7-3 各地区耕地变动情况(2018年)

单位:公顷

地 区	年初耕地面 积	本年增加耕地面积						
			土地整治	增减挂钩	工矿废弃地复垦	土地整理田坎等	农业结构调整	其他
全 省	**1977038.12**	**10342.80**	**8791.57**	**812.98**		**9.70**	**156.66**	**571.89**
杭州市	209350.19	648.25	588.82	0.01		7.80	50.10	1.52
宁波市	218546.33	892.61	869.55				1.00	22.06
温州市	242529.15	543.89	525.29	0.30			7.50	10.80
嘉兴市	205354.70	1265.94	615.27	320.61			6.76	323.30
湖州市	151439.34	1223.63	743.83	338.21			3.67	137.92
绍兴市	198453.36	915.24	760.70	152.14		0.84	1.01	0.55
金华市	221120.73	517.98	511.07	0.09			6.82	
衢州市	140679.75	1587.98	1557.55	0.43			26.89	3.11
舟山市	23142.45	66.07	11.19				0.18	54.70
台州市	192654.98	1248.24	1236.54	1.02		0.46	10.19	0.03
丽水市	173767.14	1432.97	1371.76	0.17		0.60	42.54	17.90

7-3 续表

单位:公顷

地 区	本年减少耕地面积	建设占用	其他	年末耕地面积	人均耕地面积(亩)
全 省	**12758.53**	**12196.37**	**562.16**	**1974622.39**	**0.52**
杭州市	1926.09	1845.72	80.37	208072.35	0.32
宁波市	1728.31	1675.81	52.50	217710.63	0.40
温州市	1272.73	1196.94	75.79	241800.31	0.39
嘉兴市	1724.06	1678.52	45.54	204896.58	0.65
湖州市	1385.86	1328.03	57.83	151277.11	0.75
绍兴市	1293.08	1223.46	69.62	198075.52	0.59
金华市	1269.43	1218.00	51.43	220369.28	0.59
衢州市	438.00	394.97	43.03	141829.73	0.96
舟山市	198.04	196.26	1.78	23010.48	0.29
台州市	998.25	943.13	55.12	192904.97	0.47
丽水市	524.68	495.53	29.15	174675.43	1.19

八、林业

8-1 全省历年造林情况(2000-2018年)

单位:公顷

年 份	造林总面积	人工造林	飞播造林	新封山育林
2000	246240	33310		212930
2001	806435	21388		785047
2002	33874	21206		12668
2003	40691	22114		18577
2004	29796	20948		8848
2005	30446	20341		10105
2006	19588	11368		8220
2007	11584	6206		5378
2008	8524	6892		1632
2009	27422	19378		8044
2010	15214	12999		2215
2011	40473	36536		3937
2012	43923	34473		9450
2013	42362	30310		12052
2014	39396	26720		12676
2015	32023	20985		11038
2016	55648	12837		4784
2017	44054	8450		2223
2018	63643	7462		1798

注:自2015年起造林面积包括人工造林、飞播造林、新封山育林、退化林修复和人工更新。

8-2 各地区造林情况(2018年)

单位:公顷

地　区	人工造林总面积	按林种用途分				
		用材林	经济林	防护林	薪炭林	特　殊用途林
全　省	**7462**	**1236**	**2210**	**3899**		**117**
杭州市	693	323	149	221		
宁波市	527	10	270	247		
温州市	1342	200	165	937		40
嘉兴市	601		74	510		17
湖州市	573	93	21	459		
绍兴市	1563	74	812	669		8
金华市	485	59	159	259		8
衢州市	563	189	293	65		16
舟山市	52		10	22		20
台州市	464	11	40	405		8
丽水市	599	277	217	105		

资料来源:省林业厅(以下各表同)。

注:自2015年起造林面积包括人工造林、飞播造林、新封山育林、退化林修复和人工更新。

8-2　续表

单位:公顷

地　区	造林总面积	按造林方式分				
		人工造林	飞机播种	新封山育林	退化林修复	人工更新
全　省	**63643**	**7462**		**1798**	**46964**	**7419**
杭州市	5743	693		636	2676	1738
宁波市	1525	527		116	650	232
温州市	13107	1342			11445	320
嘉兴市	609	601				8
湖州市	4812	573		809	3385	45
绍兴市	8167	1563		140	6457	7
金华市	2466	485		22	1001	958
衢州市	1299	563				736
舟山市	52	52				
台州市	2737	464			1792	481
丽水市	23126	599		75	19558	2894

8-3 各地区林业系统野生动植物及自然保护区工程建设情况(2018年)

单位:个,公顷

地 区	自然保护区数	#国家级	自然保护区面积	#国家级	野生动物繁育机构
全 省	**20**	**8**	**116005**	**79839**	**512**
杭州市	2	2	15536	15536	64
宁波市					2
温州市	2	1	19417	18862	83
嘉兴市					8
湖州市	2	1	1312	1200	84
绍兴市	2		9924		17
金华市	3	1	9981	4558	54
衢州市	3	1	16373	8107	58
舟山市					14
台州市	1		2701		73
丽水市	5	2	40761	31576	55

8-3 续表

单位:个、万元

地 区	国际重要湿地		林业投资完成额(万元)	
	个 数	面 积(公顷)		#中央投资
全 省	**1**	**325**	**7496**	**3372**
杭州市	1	325	686	
宁波市				
温州市			963	
嘉兴市				
湖州市			893	544
绍兴市			508	
金华市			2115	1300
衢州市			1376	650
舟山市			10	10
台州市			21	10
丽水市			924	858

九、自然灾害

9-1 全省历年自然灾害情况(2000-2018年)

年 份	地质灾害			地震灾害		
	灾害次数(次)	人员伤亡(人)	直接经济损失(万元)	灾害次数(次)	人员伤亡(人)	直接经济损失(万元)
2000	90	17	4270.00			
2001	63	17	784.00			
2002	201	13	3172.70			
2003	62	1	454.55			
2004	97	50	6182.00			
2005	375	66	8499.88			
2006	192	47	4301.00	1		9936.10
2007	61	19	1868.40			
2008	116	3	688.50			
2009	247	35	6584.10			
2010	650	23	8772.50			
2011	679	4	3550.30			
2012	747	1	11361.43			
2013	778	9	3830.30			
2014	243	11	3929.02	1		21743.00
2015	385	50	7742.60			
2016	400	45	10168.30			
2017	74		1236.30	2		20000.00
2018	32		445.20			

9-1 续表

年份	海洋灾害			森林火灾		
	灾害次数（次）	死亡、失踪人数（人）	直接经济损失（万元）	灾害次数（次）	人员伤亡（人）	经济损失（万元）
2000				760	45	75.57
2001				369	5	32.54
2002				639	15	104.11
2003	38	5	0.9	866	18	244.66
2004	62	41	12.2	1125	46	187.26
2005	55	21	40.3	718	24	2666.81
2006	54	36	8.1	330	15	943.72
2007	6	11	16	272	7	786.64
2008	46	8	1.0	425	14	2676.18
2009	43	17	12.0	247	5	1406.22
2010	61	39	0.2	97		200.12
2011	12	14	59057.0	433	12	3784.63
2012	27	13	426671.0	139		2212.90
2013	112	24	2817421.3	206	2	3683.64
2014	72	13	43691.0	155	9	2317.02
2015	32		815075.5	67	3	1014.77
2016	36	17	40216.0	83	2	953.82
2017	77	4	9224.0	70	1	665.88
2018	32	31	58809.7	45		354.45

注:2010年(含)前海洋灾害直接经济损失计量单位为亿元。

9-2 各地区自然灾害损失情况(2018年)

单位:千公顷

地 区	合 计		旱 灾		洪涝灾害	
	受 灾	绝 收	受 灾	绝 收	受 灾	绝 收
浙江省	**168.70**	**1.69**			**0.45**	
杭州市	0.31				0.31	
宁波市						
温州市	31.81	1.44				
嘉兴市	14.98	0.17				
湖州市	78.51	0.06				
绍兴市						
金华市	1.57					
衢州市	40.24					
舟山市	0.68					
台州市	0.21					
丽水市	0.39	0.02			0.14	

资料来源:省应急管理厅。

9-2　续表 1

单位:千公顷

地 区	风雹灾害		台风灾害		低温冷冻和雪灾害	
	受 灾	绝 收	受 灾	绝 收	受 灾	绝 收
浙江省	**3.41**	**0.02**	**45.60**	**1.49**	**119.24**	**0.18**
杭州市						
宁波市						
温州市			31.81	1.44		
嘉兴市			12.90	0.05	2.08	0.12
湖州市					78.51	0.06
绍兴市						
金华市	1.57					
衢州市	1.59				38.65	
舟山市			0.68			
台州市			0.21			
丽水市	0.25	0.02				

9-2 续表 2

地 区	病虫害		山体滑坡和泥石流灾害		人口受灾		直接经济损失（万元）
	受 灾	绝 收	受 灾	绝 收	受灾人口（万人次）	死亡人口（人）	
浙江省					**139.83**	**2**	**368254.27**
杭州市					0.04		1244.00
宁波市					3.31		
温州市					53.10		94284.12
嘉兴市					21.87		55081.02
湖州市					28.14		150715.58
绍兴市							
金华市					0.91		6342.60
衢州市					12.42		28957.22
舟山市					3.48		22575.00
台州市					15.09		308.00
丽水市					1.47	2	8746.73

9-3 地质灾害及防治情况(2018年)

地 区	发生地质灾害起数（次）	#滑 坡	#崩 塌	#泥石流	#地面塌陷	直接经济损失（万元）
全 省	**32**	**12**	**16**	**3**	**1**	**445.2**
杭州市	10	1	7	2		190.7
宁波市						
温州市	11	7	4			149.8
嘉兴市						
湖州市	1		1			50.0
绍兴市	2	1		1		20.0
金华市	1				1	0.5
衢州市						
舟山市	1		1			2.0
台州市	1		1			5.0
丽水市	5	3	2			27.2

资料来源:省自然资源厅(下表同)。

9-3 续表

地 区	人员伤亡（人）	#死亡人数	地质灾害防治项目数（个）	地质灾害防治投资（万元）
全 省			**1718**	**150629.2**
杭州市			232	13116.5
宁波市			56	14061.0
温州市			528	25847.1
嘉兴市				
湖州市			47	1913.5
绍兴市			41	8586.7
金华市			191	8029.8
衢州市			212	12995.3
舟山市			37	3600.0
台州市			80	14115.7
丽水市			294	48363.6

9-4 海洋灾害情况（2018年）

灾 种	发生次数（次）	死亡、失踪人数（人）	直接经济损失（万元）
合 计	**32**	**31**	**58809.7**
风暴潮	5		57072.7
赤 潮	18		
海 浪	7	31	1737.0
海 冰			
船舶溢油			
平台溢油			
海水低温冻害			
咸潮入侵	2		

9-5 各地区森林火灾情况(2018年)

地　区	森林火灾次数（次）	一般火灾	较大火灾	重大火灾	特大火灾	火场总面积（公顷）
全　省	**45**	**17**	**28**			**288.63**
杭州市	4	3	1			6.53
宁波市	1	1				1.80
温州市	10	5	5			90.94
嘉兴市						
湖州市						
绍兴市						
金华市	7	3	4			30.00
衢州市	3		3			10.18
舟山市	1		1			1.89
台州市	9	4	5			71.88
丽水市	10	1	9			75.41

资料来源:省应急管理厅。

9-5　续表

地　区	受害森林面积（公顷）	#商品林	#公益林	伤亡人数（人）	#死亡人数	经济损失（万元）
全　省	**117.18**	**38.34**	**78.84**			**354.45**
杭州市	3.87	0.27	3.60			37.95
宁波市	0.90		0.90			2.56
温州市	30.72	13.07	17.65			67.18
嘉兴市						
湖州市						
绍兴市						
金华市	15.34	5.70	9.64			38.12
衢州市	6.88		6.88			22.21
舟山市	1.50	1.50				2.16
台州市	26.86	1.73	25.13			74.95
丽水市	31.11	16.07	15.04			109.32

9-6 各地区森林病虫鼠害防治情况(2018年)

单位:公顷,%

地区	合计			森林病害		
	发生面积	防治面积	防治率	发生面积	防治面积	防治率
全省	**211377**	**197985**	**93.66**	**58293**	**54538**	**93.56**
杭州市	12527	12440	99.30	3806	3806	100.00
宁波市	5371	5371	100.00	3998	3998	100.00
温州市	55968	49534	88.50	16681	14653	87.84
嘉兴市	192					
湖州市	13162	13052	99.16	1115	1026	92.03
绍兴市	19117	17613	92.13	4466	3113	69.69
金华市	18017	13340	74.04	1906	1906	100.00
衢州市	4498	4498	100.00	356	356	100.00
舟山市	516			416		
台州市	20880	20879	99.99	14893	14893	100.00
丽水市	61127	61259	100.21	10657	10788	101.23

资料来源:省林业局。

9-6 续表

单位:公顷,%

地区	森林虫害			森林鼠害		
	发生面积	防治面积	防治率	发生面积	防治面积	防治率
全省	**153084**	**143447**	**93.71**			
杭州市	8721	8634	99.00			
宁波市	1373	1373	100.00			
温州市	39287	34881	88.79			
嘉兴市	192					
湖州市	12047	12026	99.82			
绍兴市	14651	14501	98.97			
金华市	16112	11434	70.97			
衢州市	4142	4142	100.00			
舟山市	100					
台州市	5987	5985	99.98			
丽水市	50471	50471	100.00			

9-7 各地区突发环境事件情况(2018年)

单位:次

地 区	突发环境事件次数	特别重大环境事件	重大环境事件	较大环境事件	一般环境事件
全 省	11				11
杭州市	2				2
宁波市					
温州市	1				1
嘉兴市					
湖州市	2				2
绍兴市	1				1
金华市	1				1
衢州市	1				1
舟山市					
台州市					
丽水市	3				3

资料来源:省生态环境厅。

十、环境投资

10-1 全省历年环境污染治理投资情况(2000-2018年)

单位:万元

年份	环境污染治理投资总额	城镇环境基础设施建设投资	燃气	集中供热	排水	园林绿化	市容环境卫生
2000	840579.0	530414.0	17661.0	6263.0	22649.0	342753.0	141088.0
2001	1049904.0	798221.0	36545.0	8955.0	347363.0	295167.0	110191.0
2002	1209424.0	898994.0	31488.0	2069.0	369536.0	381195.0	114706.0
2003	1583499.0	1184386.0	56554.0	2782.0	429447.0	563312.0	132291.0
2004	1560046.0	1083833.0	67921.0	72439.0	366715.0	444765.0	131993.0
2005	1639809.0	879265.0	103509.0	62785.0	370163.0	328811.0	13997.0
2006	1584584.0	761713.0	83692.0	48119.0	304991.0	234464.0	90447.0
2007	1981389.0	863248.0	8382.0	38045.0	390156.0	339126.0	87539.0
2008	5433359.2	1290464.0	115681.0	24275.0	572912.0	491384.0	86212.0
2009	2210508.0	1220882.0	111798.0	20618.0	510848.0	451429.0	126189.0
2010	3553282.0	1168611.0	136725.0	19296.0	392342.0	506158.0	114090.0
2011	2400326.0	1332307.0	175381.0	20438.0	284053.0	735266.0	117169.0
2012	3268304.1	1636309.0	192958.0	13781.0	362571.0	881554.0	185445.0
2013	3903954.2	1564862.0	210460.0	8890.0	429905.0	822477.0	93130.0
2014	5284950.1	2290466.0	230577.0	5299.0	832387.0	1052327.0	169876.0
2015	5207583.4	2189384.0	210859.0	2115.0	839605.0	891201.0	245604.0
2016	8083750.2	3000949.0	210245.0		863359.0	1750201.0	177144.0
2017	5288560.4	2841234.0	219077.0		998122.0	1355029.0	269006.0
2018	5279414.9	3078419.4	174284.6		879214.9	1617463.6	407456.3

10-1 续表

单位:万元

年 份	工 业 污染源 治理投资	治理废水	治理废气	治 理 固体废物	治理噪声	治理其他	当年完成 环保验收 项 目 环保投资	环境污染 治理投资 占GDP比重 (%)
2000	223065.0	120725.0	74150.0	2610.0	910.0	24670.0	87100.0	1.37
2001	111283.0	59137.0	34274.0	3288.0	492.0	14092.0	140400.0	1.52
2002	104858.0	59492.0	35359.0	2885.0	834.0	6288.0	205572.0	1.51
2003	152658.0	74324.0	33059.0	3791.0	2037.0	39447.0	246455.0	1.63
2004	112509.0	56891.0	43678.0	1110.0	493.0	10337.0	363704.0	1.34
2005	199414.0	72399.0	66932.0	1784.0	1145.0	57154.0	561130.0	1.22
2006	248673.0	81717.0	124904.0	1694.0	274.0	40084.0	574198.0	1.01
2007	213773.0	123772.0	67700.0	1942.0	315.0	20044.0	904368.0	1.06
2008	148006.5	88152.5	38357.8	3188.0	285.7	18022.5	3994888.7	2.53
2009	193574.0	57672.0	108609.0	16756.0	58.0	10479.0	796052.0	0.96
2010	119568.2	71261.7	39981.9	2746.0	211.5	5367.1	2265102.5	1.28
2011	191998.0	94348.8	70310.2	2272.5	1486.0	23580.5	876021.0	0.74
2012	283022.8	101840.0	138422.0	4538.2	1405.0	36817.6	1348972.3	0.94
2013	576644.6	150634.2	312508.2	5064.5	1034.6	107403.1	1762447.6	1.04
2014	675944.4	175140.6	414012.9	6156.2	390.1	80244.6	2318539.7	1.32
2015	608437.2	128725.7	373553.1	18595.5	708.0	86854.9	2409762.2	1.21
2016	601868.9	101043.6	369172.1	20353.8	15.7	111283.6	4480932.4	1.71
2017	369010.9	62112.3	240300.6	654.9	1600.9	64342.2	2078315.5	1.02
2018	353080.3	71385.4	170626.6	8296.5	646.8	102125.0	1847915.2	0.94

10-2 各地区环境污染治理投资情况(2017年)

单位:万元

地　区	环境污染治理投资总额	城镇环境基础设施建设投资	工业污染源治理投资	完成环保验收项目环保投资	环境污染治理投资占GDP比重(%)
浙江省	**5279415**	**3078419**	**353080**	**1847915**	**0.94**
杭州市	632878	326790	32382	273707	0.47
宁波市	967945	449431	84756	433758	0.90
温州市	529855	408249	35573	86033	0.88
嘉兴市	595273	349024	39665	206585	1.22
湖州市	369920	296094	19251	54576	1.36
绍兴市	610644	328640	72462	209542	1.13
金华市	382622	295830	17891	68901	0.93
衢州市	258083	198940	21928	37215	1.75
舟山市	194331	61984	2805	129542	1.48
台州市	343078	213723	10378	118976	0.70
丽水市	222059	149715	15990	56354	1.59

资料来源:省生态环境厅、省住房和城乡建设厅

注:城镇环境基础设施建设投资统计范围包括设市城市和县城。

10-3 各地区城镇环境基础设施建设投资情况(2018年)

单位:万元

地　区	投资总额	燃　气	集中供热	排　水	#污水处理	园林绿化	市　容环境卫生	#垃圾处理
浙江省	**3078419**	**174285**		**879215**	**446288**	**1617464**	**407456**	**256393**
杭州市	326790	35964		108172	7018	154026	28628	22616
宁波市	449431	17111		69039	50272	277282	85999	14343
温州市	408249	24606		130869	66805	218835	33939	10600
嘉兴市	349024	20367		54670	36405	249413	24573	17098
湖州市	296094	21079		52591	34907	215001	7423	6148
绍兴市	328640	20739		118577	70199	138931	50393	44672
金华市	295830	15771		89329	17246	128557	62173	49127
衢州市	198940	5003		30996	5629	74676	88266	79435
舟山市	61984	5384		12675	12238	34384	9541.3	1487
台州市	213723	5947		137287	122346	62207	8282	5171
丽水市	149715	2314		75011	23223	64152	8238	5695

资料来源:省住房和城乡建设厅。

10-4 各地区工业污染治理投资完成情况(2018年)

单位:万元

地　区	污染治理项目本年完成投资	治理废水	治理废气	治　理固体废物	治理噪声	治理其他	本年竣工项目个数(个)
浙江省	**353080.3**	**71385.4**	**170626.6**	**8296.5**	**646.8**	**102125.0**	**434**
杭州市	32381.5	11582.0	17617.7	2120.0	200.0	861.9	38
宁波市	84756.2	11020.0	36430.4	3031.9	125.0	34148.9	19
温州市	35573.2	3418.0	30743.7	46.0	133.8	1231.7	36
嘉兴市	39664.5	7989.2	28448.9	1940.8	71.6	1214.0	67
湖州市	19251.0	8990.0	1922.7	820.0		7518.3	16
绍兴市	72462.4	14257.0	10458.3	101.0		47646.1	86
金华市	17890.9	7190.1	8200.5	165.0	54.0	2281.3	40
衢州市	21927.8	2653.8	16936.5		7.4	2330.1	38
舟山市	2805.0		2665.0			140.0	10
台州市	10378.0	2419.8	4406.4	70.0		3481.8	55
丽水市	15989.9	1865.5	12796.6	1.8	55.0	1271.0	29

资料来源:省生态环境厅(下表同)。

10-5　各地区环保验收项目情况(2018年)

	当年完成环保验收项目数(项)	当年完成环保验收项目总投资(万元)	当年完成环保验收项目环保投资(万元)
浙江省	**6476**	**91208189.2**	**1847915.2**
杭州市	959	5163498.4	273707.4
宁波市	1192	4285294.6	433757.8
温州市	887	45092406.4	86033.1
嘉兴市	830	5419283.5	206584.5
湖州市	272	1511079.0	54575.6
绍兴市	564	13414606.1	209541.9
金华市	316	800494.3	68900.6
衢州市	254	1074350.1	37215.2
舟山市	123	1338882.3	129541.9
台州市	754	9884503.5	118976.2
丽水市	290	1421207.6	56353.9

10-6 各地区林业投资资金来源情况(2018年)

单位:万元

地 区	本年实际	林业投资					
		中央财政资金	地方财政资金	国内贷款	利用外资	自筹资金	其它社会资金
浙江省	**796244**	**55858**	**541889**			**156816**	**41681**
省级单位	28824	2714	23000				3110
杭州市	106571	12163	92278			2130	
宁波市	179585	1020	87598			72720	18247
温州市	67485	3695	63790				
嘉兴市	90282	52	29740			45585	14905
湖州市	17766	2766	15000				
绍兴市	36543	2719	21893			11931	
金华市	53326	5448	42139			400	5339
衢州市	57704	5618	31186			20900	
舟山市	10966	1202	9076			608	80
台州市	43081	3491	39590				
丽水市	104111	14970	86599			2542	

资料来源:省林业局(下表同)。

10-7 各地区林业投资完成情况(2018年)

单位:万元

地区	本年完成投资	#中央财政投资	林业投资				林业扶贫资金
			生态建设与保护	林业产业发展	林业支撑与保障	林业基础设施建设	
浙江省	**796244**	**55858**	**302641**	**116342**	**316504**	**60757**	**305**
省级单位	28824	2714	571	379	27874		
杭州市	106571	12163	16505	5408	39912	44746	
宁波市	179585	1020	74373	52437	51047	1728	
温州市	67485	3695	15174	3176	45839	3296	
嘉兴市	90282	52	74967	7025	7805	485	
湖州市	17766	2766	5413	2117	9536	700	
绍兴市	36543	2719	13565	15437	5994	1547	
金华市	53326	5448	17762	3101	31193	1270	
衢州市	57704	5618	21298	17623	18111	672	
舟山市	10966	1202	5624	163	4560	619	
台州市	43081	3491	18468	290	23778	545	305
丽水市	104111	14970	38921	9186	50855	5149	

10-8 各地区农村可再生资源经费投入情况(2018年)

单位:万元

地区	合计拨款	中央投入拨款	省级投入拨款	地级投入拨款	县级投入拨款	乡级投入拨款	用户自筹		其他投入拨款
							用户自筹资金	投劳拆资	
浙江省	**6539.86**	**606.00**	**1347.40**	**412.91**	**3625.49**	**548.06**	**9187.88**	**38.35**	
杭州市	404.57		50.00	50.00	304.57		2452.56	10.35	
宁波市	10.00				10.00				
温州市	1104.44				746.44	358.00	715.01		
嘉兴市	618.26				428.20	190.06	630.00		
湖州市	212.40	15.00	197.40				895.83		
绍兴市	609.28				609.28		505.20		
金华市	771.00		292.00	130.00	349.00		1492.99		
衢州市	633.50		456.50	80.00	97.00		348.93	28.00	
舟山市	152.91			152.91			260.00		
台州市	1161.00	561.00			600.00		61.00		
丽水市	862.50	30.00	351.50		481.00		1826.36		

资料来源:省农业农村厅。

十一、城市环境

11-1 全省历年城市环境情况(2000-2018年)

年 份	城市个数(个)	城区面积(平方公里)	建设用地面 积(平方公里)	人均日生活用水量(升)	城市用水普及率(%)	城市污水排放量(亿立方米)	城市污水处理率(%)
2000	33	964.03	870.14	213.00	99.93	8.09	33.17
2001	33	1113.77	1016.39	219.16	93.52	15.85	35.71
2002	33	1240.21	1148.93	239.85	96.64	17.26	40.33
2003	33	1397.02	1474.41	236.32	98.24	17.52	45.90
2004	33	1508.53	1572.94	228.06	98.86	17.68	53.44
2005	33	1679.72	1729.89	243.93	99.10	19.27	59.46
2006	33	9430.48	1744.16	230.68	99.42	17.72	61.53
2007	33	10004.96	1893.95	189.28	99.58	19.28	70.08
2008	33	10011.06	2025.10	194.22	99.70	20.71	75.10
2009	33	10113.78	2110.56	201.55	99.81	20.75	78.88
2010	33	10256.38	2245.93	185.43	99.79	20.64	82.74
2011	33	10484.32	2263.41	196.30	99.84	21.44	85.09
2012	33	10515.23	2246.68	195.81	99.88	22.14	87.50
2013	32	10991.68	2413.16	192.32	99.97	23.58	89.28
2014	32	11094.63	2532.02	197.01	99.93	25.01	90.68
2015	31	11326.51	2469.74	196.18	99.95	26.94	91.95
2016	30	11311.75	2573.37	187.17	99.97	27.71	93.89
2017	30	11748.69	2710.76	200.21	100.00	30.58	94.97
2018	30	11913.83	2823.94	204.36	100.00	32.19	95.75

注:2006年起省住房和城乡建设厅《城市建设统计制度》修订,统计范围、口径及部分指标计算方法都有所调整,故不能与2005年直接比较。

11-1 续表

年 份	城市燃气普及率（%）	城市生活垃圾清运量（万吨）	城市生活垃圾无害化处理率（%）	供热面积（万平方米）	建成区绿化覆盖率（%）	人均公园绿地面积（平方米）
2000	98.01	436.42	83.38	367.80	27.15	7.68
2001	91.11	515.90	90.20	10214.70	27.38	5.12
2002	94.43	576.00	86.11	3376.60	29.91	6.51
2003	96.85	674.70	84.85	4006.40	31.05	7.49
2004	98.22	705.20	85.86	3332.20	31.88	8.42
2005	98.47	763.00	82.40	278.00	33.78	9.31
2006	98.25	687.70	88.28	280.70	35.53	9.79
2007	97.78	772.04	87.35	4086.00	36.15	8.79
2008	97.72	806.78	89.57	3731.00	37.74	9.60
2009	97.93	925.62	97.60	3680.00	38.20	10.76
2010	99.07	959.01	98.29	3991.90	38.30	11.05
2011	99.34	1018.08	96.43	4439.00	38.39	11.77
2012	99.49	1055.03	98.97	8575.00	39.86	12.47
2013	99.80	1123.36	99.44	7710.00	40.26	12.44
2014	99.81	1229.05	100.00	8000.70	40.75	12.90
2015	99.91	1332.63	99.22	4429.00	40.58	13.19
2016	99.95	1433.55	99.98		41.02	13.17
2017	99.97	1481.46	100.00		40.36	13.32
2018	100.00	1474.62	100.00		41.19	13.73

11-2 主要城市空气质量指标(2018年)

城 市	二氧化硫年平均浓度(微克/立方米)	二氧化氮年平均浓度(微克/立方米)	可吸入颗粒物(PM_{10})年平均浓度(微克/立方米)	一氧化碳日均值第95百分位浓度(毫克/立方米)	臭氧(O_3)最大8小时第90百分位浓度(微克/立方米)	细颗粒物($PM_{2.5}$)年平均浓度(微克/立方米)	空气质量达到和好于二级的天数比例(%)
杭州市	10	43	68	1.3	181	40	73.7
建德市	9	27	49	1.2	141	28	94.8
宁波市	9	36	52	1.2	152	33	87.7
余姚市	9	31	57	1.1	169	37	81.6
慈溪市	11	28	62	1.2	177	38	76.2
温州市	9	37	58	1.0	141	30	95.1
瑞安市	6	34	50	0.9	117	26	98.6
乐清市	6	22	53	0.9	143	29	95.1
嘉兴市	9	36	63	1.4	184	39	76.7
海宁市	7	32	65	1.2	160	39	83.9
平湖市	9	29	57	1.0	169	32	84.7
桐乡市	10	35	68	1.2	153	40	83.2
湖州市	13	38	60	1.3	189	36	71.0
绍兴市	9	31	66	1.4	171	42	77.8
诸暨市	6	27	54	1.3	159	36	84.4
嵊州市	6	34	59	1.1	128	36	90.7
金华市	11	35	54	1.2	165	34	84.4
兰溪市	7	21	61	1.0	155	37	88.1
义乌市	7	36	55	1.0	141	35	91.0
东阳市	7	28	52	1.1	156	32	88.8
永康市	9	34	64	1.2	151	36	87.4
衢州市	8	32	54	1.2	152	33	88.8
江山市	13	32	64	1.4	130	36	93.1
舟山市	7	20	40	1.0	131	22	94.8
台州市	6	23	53	1.0	145	29	93.7
温岭市	4	16	47	1.0	119	26	99.5
临海市	4	21	52	1.0	126	30	95.3
玉环市	5	16	40	0.8	140	24	96.2
丽水市	7	23	46	1.0	135	28	95.1
龙泉市	6	8	34	0.9	121	21	99.2

资料来源:省生态环境厅。

11-3 各地区全年及各月霾日数(2018年)

城市名称	全年	1月	2月	3月	4月	5月	6月	7月	8月	9月	10月	11月	12月
杭　州	40	7	7	6	2	4	2	0	0	1	2	3	6
宁　波	25	9	8	3	3	2	0	0	0	0	0	0	0
温　州	29	7	4	5	5	2	1	0	0	0	0	4	1
嘉　兴	24	4	4	7	3	0	2	1	0	0	0	0	3
湖　州	63	9	10	14	12	1	6	0	0	0	2	3	6
绍　兴	53	6	9	7	9	3	2	2	0	1	4	5	5
金　华	33	9	7	3	5	1	2	0	0	0	1	1	4
衢　州	33	5	6	3	5	1	0	0	0	1	3	4	5
舟　山	13	3	2	3	1	0	2	0	0	0	0	0	2
台　州	13	5	0	0	0	0	0	0	0	0	0	3	5
丽　水	18	5	2	1	4	0	0	0	0	0	1	2	3

资料来源:省气象局。

11-4 设市城市面积和建设用地情况(2018年)

单位:平方公里

地　区	城区面积	#建成区面积	城市现状建设用地面积			
			小　计	居住用地	公共管理与公共服务用地	商业服务业设施用地
浙江省	**11913.83**	**2919.09**	**2823.94**	**817.57**	**245.89**	**219.23**
杭州市	1726.96	615.22	571.05	150.45	75.76	53.61
建德市	85.00	10.60	12.45	3.65	1.12	1.26
宁波市	1097.00	344.02	375.56	84.55	28.06	20.75
余姚市	355.00	50.54	49.12	15.14	3.52	3.56
慈溪市	270.48	47.00	44.53	20.84	2.95	2.65
温州市	849.26	260.62	192.11	53.53	15.08	37.41
瑞安市	111.40	23.00	21.32	9.11	2.28	1.94
乐清市	287.73	23.31	37.19	11.48	1.93	4.11
嘉兴市	293.00	148.76	148.76	39.76	12.36	11.27
海宁市	150.54	54.25	48.53	16.19	3.79	3.64
平湖市	152.12	41.70	39.79	9.80	2.69	5.22
桐乡市	209.43	51.85	49.83	16.23	3.43	3.93
湖州市	640.69	124.07	124.07	38.08	8.90	9.51
绍兴市	497.04	233.38	235.05	79.74	14.06	17.81
诸暨市	346.62	59.30	55.94	23.63	5.92	2.82
嵊州市	214.70	41.40	40.11	10.75	2.52	2.21
金华市	579.69	105.97	105.97	33.35	9.56	5.16
兰溪市	206.30	36.96	34.63	11.11	2.16	1.29
义乌市	419.44	103.81	103.62	33.15	7.30	8.11
东阳市	373.00	43.31	43.26	12.78	1.42	0.70
永康市	134.80	38.39	38.39	9.37	2.70	0.62
衢州市	200.10	74.38	77.16	17.15	5.47	3.02
江山市	286.46	17.50	17.50	5.03	1.43	1.80
舟山市	578.70	64.84	59.33	21.37	7.71	2.84
台州市	750.28	141.69	134.06	42.75	9.34	5.20
玉环市	158.20	23.23	28.27	8.19	2.40	1.60
温岭市	121.90	37.44	37.44	14.59	1.46	2.70
临海市	360.00	47.85	44.67	10.22	3.12	1.64
丽水市	266.13	39.40	39.54	12.18	6.16	2.46
龙泉市	191.86	15.30	14.69	3.40	1.29	0.39

资料来源:省住房和城乡建设厅(以下各表同)。

11-4 续表

单位:平方公里

地　区	城市现状建设用地面积					本年征用土地面积	
	工业用地	物流仓储用　地	道路与交通设施用地	公用设施用　地	绿地与广场用　地		#耕　地
浙江省	**608.84**	**67.39**	**476.34**	**77.31**	**311.37**	**132.22**	**68.39**
杭州市	88.52	9.91	105.36	15.25	72.19	22.86	11.79
建德市	0.08	0.06	2.62	0.21	3.45	2.84	1.24
宁波市	127.77	18.35	62.32	5.57	28.19	11.75	7.20
余姚市	11.41	0.43	11.35	0.74	2.97	3.00	2.00
慈溪市	9.18	0.12	5.01	0.43	3.35	1.46	0.85
温州市	5.76	7.56	36.88	10.94	24.95	6.91	2.57
瑞安市	0.36	0.51	4.25	0.18	2.69	19.37	10.95
乐清市	0.14	0.75	9.35	0.62	8.81	2.25	0.95
嘉兴市	34.18	5.17	22.80	1.69	21.53	4.75	3.59
海宁市	10.35	0.13	6.42	0.30	7.71	4.67	2.83
平湖市	9.75	0.79	6.00	1.34	4.20	2.27	1.62
桐乡市	12.65	0.35	6.70	0.42	6.12	4.82	2.38
湖州市	31.35	1.37	26.83	2.13	5.90	2.70	0.80
绍兴市	62.83	3.76	31.19	8.41	17.25	9.42	4.46
诸暨市	6.52	1.14	4.47	6.92	4.52	3.71	2.47
嵊州市	14.08	0.33	5.64	1.05	3.53	1.90	0.94
金华市	24.57	1.00	18.63	1.09	12.61	4.01	1.69
兰溪市	13.24	0.18	3.70	0.37	2.58	0.63	0.27
义乌市	12.47	7.43	23.70	0.89	10.57		
东阳市	13.10	0.68	6.11	1.25	7.22	2.08	0.98
永康市	15.30	0.80	6.45	1.62	1.53	1.01	0.19
衢州市	26.99	2.02	13.21	2.00	7.30	4.44	1.60
江山市	2.05	0.72	3.71	0.51	2.25	1.75	0.96
舟山市	6.63	0.56	10.35	1.66	8.21	3.10	1.29
台州市	34.25	0.84	19.65	2.47	19.56	5.40	3.22
玉环市	3.22	0.30	4.06	0.70	7.80	0.56	0.12
温岭市	7.73	0.48	5.49	1.50	3.49	0.92	0.35
临海市	15.90	1.18	6.43	1.68	4.50	1.22	0.58
丽水市	4.36	0.35	4.47	5.23	4.33	1.98	0.27
龙泉市	4.10	0.12	3.19	0.14	2.06	0.44	0.23

11-5 设市城市市政设施情况(2018年)

地 区	道路长度(公里)	道路面积(万平方米)	城市桥梁(座)	#立交桥数
浙江省	**23689**	**45946**	**11569**	**196**
杭州市	3783	8840	1473	67
建德市	121	156	9	3
宁波市	2003	3814	1258	24
余姚市	692	1103	289	8
慈溪市	570	1246	696	
温州市	1681	3404	1329	5
瑞安市	280	415	235	
乐清市	822	889	441	
嘉兴市	1228	2092	570	17
海宁市	503	904	253	
平湖市	407	668	379	
桐乡市	340	546	199	
湖州市	834	2686	501	2
绍兴市	1351	3226	1070	8
诸暨市	606	816	379	9
嵊州市	304	561	44	
金华市	942	2106	105	7
兰溪市	254	565	13	6
义乌市	660	1872	129	22
东阳市	442	876	75	
永康市	387	712	74	4
衢州市	645	1266	48	1
江山市	155	369	54	1
舟山市	743	1343	338	
台州市	2442	2857	1043	1
温岭市	338	725	289	1
临海市	445	673	113	9
玉环市	257	328	47	
丽水市	250	652	96	1
龙泉市	206	233	20	

11-5 续表

地 区	城市道路照明灯（盏）	排水管道长度（公里）	#污水管道
浙江省	**1610297**	**48525**	**24383**
杭州市	357429	8924	3898
建德市	22783	290	167
宁波市	141434	5167	2307
余姚市	52043	819	404
慈溪市	33933	1254	465
温州市	138140	3436	1311
瑞安市	16351	413	208
乐清市	8018	1747	1362
嘉兴市	50375	2021	821
海宁市	22350	1519	1174
平湖市	22798	549	422
桐乡市	30862	597	236
湖州市	70091	2362	927
绍兴市	87329	4144	2337
诸暨市	12730	594	328
嵊州市	65023	169	76
金华市	68762	1992	942
兰溪市	18431	518	240
义乌市	106865	1991	998
东阳市	32083	958	464
永康市	30072	782	360
衢州市	29602	1464	838
江山市	9248	402	202
舟山市	31293	1042	606
台州市	68587	2665	2007
温岭市	15782	480	234
临海市	16920	628	237
玉环市	3837	532	296
丽水市	30284	775	342
龙泉市	16842	292	173

11-6 设市城市供水和用水情况(2018年)

单位:万立方米

地 区	供水总量				
	合 计	生产运营用 水	公共服务用 水	居民家庭用 水	其他用水
浙江省	**371711.29**	**127200.83**	**44947.89**	**144806.45**	**10806.31**
杭州市	88568.27	15865.98	19087.93	35778.08	5934.75
建德市	1880.00	426.00	155.00	1036.00	21.00
宁波市	61845.97	23527.85	9106.22	22504.47	344.02
余姚市	5991.02	2370.16	88.48	2613.45	26.31
慈溪市	6776.24	2374.44	153.75	2239.81	505.63
温州市	29506.30	11428.31	110.65	13310.47	15.13
瑞安市	2574.72	600.75	125.05	1588.87	2.51
乐清市	4072.84	753.25	186.00	2570.07	29.56
嘉兴市	13201.80	4675.63	2789.88	3641.94	253.88
海宁市	5059.10	2316.13	894.16	1350.99	134.99
平湖市	3157.06	1494.50	202.73	1327.09	19.88
桐乡市	2823.27	961.09	77.31	1471.74	33.91
湖州市	10538.33	2496.45	1616.56	5047.75	64.57
绍兴市	43006.04	28437.77	2950.24	9234.16	194.10
诸暨市	7523.84	2191.42	555.59	3008.08	668.93
嵊州市	4683.91	2403.95	377.71	1486.63	29.00
金华市	10254.70	2511.93	1841.86	4861.41	15.95
兰溪市	2879.35	1253.50		1320.70	76.09
义乌市	11272.21	4529.09	113.66	5080.62	630.34
东阳市	5315.76	1151.88	574.24	2322.62	18.01
永康市	4257.64	1596.32	201.08	1730.98	2.02
衢州市	6690.50	1747.00	793.00	2390.50	652.00
江山市	1651.92	657.43	158.63	697.87	13.83
舟山市	5523.00	1180.00	803.00	2227.00	650.00
台州市	18064.64	6323.63	983.00	8562.83	97.53
温岭市	3501.80	1092.97	30.00	1936.15	63.69
临海市	3835.80	1002.60	220.00	1802.80	48.00
玉环市	1623.00	376.00	45.00	1064.00	8.00
丽水市	4702.72	1234.33	565.09	2123.35	252.68
龙泉市	929.54	220.47	142.07	476.02	

11-6 续表

地 区	用水人口 （万人）	人均日生活用水量 （升）	供水普及率 （%）
浙江省	**2545.50**	**204.36**	**100.00**
杭州市	650.49	231.08	100.00
建德市	14.56	224.11	100.00
宁波市	368.51	235.01	100.00
余姚市	45.85	161.74	100.00
慈溪市	53.03	124.68	100.00
温州市	221.65	165.93	100.00
瑞安市	28.36	165.68	100.00
乐清市	53.47	141.35	100.00
嘉兴市	87.96	200.33	100.00
海宁市	23.18	265.53	100.00
平湖市	34.95	119.92	100.00
桐乡市	28.08	151.14	100.00
湖州市	95.10	193.51	100.00
绍兴市	151.26	220.89	100.00
诸暨市	43.82	222.86	100.00
嵊州市	31.78	160.72	100.00
金华市	81.73	224.81	100.00
兰溪市	22.95	157.66	100.00
义乌市	93.43	152.32	100.00
东阳市	42.17	188.20	100.00
永康市	24.86	213.04	100.00
衢州市	35.67	244.52	100.00
江山市	16.39	143.86	100.00
舟山市	61.24	136.00	100.00
台州市	105.06	248.96	100.00
温岭市	31.15	172.93	100.00
临海市	31.79	174.33	100.00
玉环市	20.59	147.76	100.00
丽水市	37.20	198.00	100.00
龙泉市	9.22	184.08	100.00

11-7 设市城市节约用水情况(2018年)

地 区	实际用水量(万立方米)					
	合 计	#工 业	新水取用量	#工 业	重复利用量	#工 业
浙江省	**809237**	**701977**	**159527**	**95624**	**649710**	**606352**
杭州市	127945	79436	34599	11177	93346	68259
建德市	320	172	272	124	48	48
宁波市	132291	119152	27818	19815	104473	99337
慈溪市	1302	225	1302	225		
温州市	17367	13578	6316	3003	11051	10575
嘉兴市	17775	15839	3585	1649	14190	14190
海宁市	7942	7551	2542	2151	5400	5400
平湖市	3044	1076	3044	1076		
湖州市	24380	21755	4135	2864	20246	18891
绍兴市	192214	183573	29852	26134	162362	157439
诸暨市	11085	9170	1552	935	9533	8235
嵊州市	13486	12921	2691	2171	10795	10750
金华市	10695	9423	2139	867	8556	8556
义乌市	9131	502	9001	372	130	130
东阳市	3096	2170	1436	510	1660	1660
永康市	9491	8834	1031	761	8460	8073
衢州市	202715	200903	19156	17353	183559	183550
江山市	337	330	337	330		
舟山市	10964	8710	2769	1663	8195	7047
台州市	7820	5057	4245	1841	3575	3216
温岭市	980	312	608	280	372	32
玉环市	343	208	205	117	138	91
丽水市	4514	1079	892	206	3622	873

11-7 续表

地　区	节约用水量（万立方米）	#工　业	重复利用率（%）	#工业用水重复利用率
浙江省	**36302**	**27716**	**80.29**	**86.38**
杭州市	2928	2316	72.96	85.93
建德市	210	100	15.00	27.91
宁波市	2824	2095	78.97	83.37
慈溪市	1779			
温州市	833	489	63.63	77.88
嘉兴市	960	587	79.83	89.59
海宁市	300	300	67.99	71.51
平湖市				
湖州市	310	179	83.04	86.83
绍兴市	8493	7172	84.47	85.76
诸暨市	296	228	86.00	89.80
嵊州市	2599	2161	80.05	83.20
金华市	414	180	80.00	90.80
义乌市	2030	1224	1.42	25.87
东阳市	653	525	53.62	76.50
永康市	138	61	89.14	91.39
衢州市	8098	7769	90.55	91.36
江山市				
舟山市	470	388	74.74	80.91
台州市	2087	1588	45.71	63.60
温岭市	683	228	37.96	10.26
玉环市	120	92	40.23	43.75
丽水市	77	34	80.24	80.91

11-8 设市城市污水排放和处理情况(2018年)

地 区	城市污水排放量(万立方米)	污水处理厂(座)	#二、三级处理	污水处理厂污水处理能力(万立方米/日)	#二、三级处理	污水处理厂污水处理量(万立方米)
浙江省	**321885**	**94**	**88**	**1072.9**	**1023.0**	**298189**
杭州市	74438	12	10	199.9	183.9	71364
建德市	1692	1	1	4.9	4.9	1623
宁波市	55664	11	11	132.6	132.6	44460
余姚市	5213	1	1	22.5	22.5	4853
慈溪市	5355	3	3	24.0	24.0	5004
温州市	26803	11	11	115.7	115.7	25697
瑞安市	2177	1		21.0		2073
乐清市	3340	2	2	16.6	16.6	3079
嘉兴市	9915	2	2	64.0	64.0	9355
海宁市	4226	1	1	15.0	15.0	4095
平湖市	2866					2654
桐乡市	2960	2	2	15.0	15.0	2816
湖州市	8886	7	7	27.0	27.0	8590
绍兴市	35171	3	3	130.0	130.0	33897
诸暨市	6771	2	2	24.0	24.0	6337
嵊州市	3382	1	1	22.5	22.5	3163
金华市	9229	4	3	37.0	32.0	8919
兰溪市	2591	1	1	10.0	10.0	2459
义乌市	10653	4	4	38.0	38.0	10233
东阳市	4318	2	2	13.9	13.9	4144
永康市	4091	1	1	12.0	12.0	3891
衢州市	5700	5	5	16.5	16.5	5483
江山市	1523	1	1	4.0	4.0	1460
舟山市	4418	3	2	12.5	6.5	3486
台州市	17152	5	4	49.9	48.0	16632
温岭市	3217	1	1	14.0	14.0	2998
临海市	3046	2	2	9.6	9.6	2878
玉环市	2122	1	1	6.0	6.0	1993
丽水市	4209	3	3	12.0	12.0	3839
龙泉市	755	1	1	2.8	2.8	717

11-8 续表

地 区	其他污水处理设施 处理能力（万立方米/日）	处理量（万立方米）	污水处理总能力（万立方米/日）	污水处理总量（万立方米）	城市污水处理率（%）	#污水处理厂集中处理率（%）
浙江省	**55.3**	**10018**	**1128.3**	**308207**	**95.75**	**92.64**
杭州市			199.9	71364	95.87	95.87
建德市			4.9	1623	95.90	95.90
宁波市	50.0	8924	182.6	53384	95.90	79.87
余姚市			22.5	4853	93.10	93.10
慈溪市			24.0	5004	93.45	93.45
温州市			115.7	25697	95.87	95.87
瑞安市			21.0	2073	95.20	95.20
乐清市	0.2	30	16.8	3109	93.08	92.18
嘉兴市			64.0	9355	94.36	94.36
海宁市			15.0	4095	96.90	96.90
平湖市				2654	92.59	92.59
桐乡市			15.0	2816	95.12	95.12
湖州市	1.0	93	28.0	8682	97.70	96.66
绍兴市			130.0	33897	96.38	96.38
诸暨市			24.0	6337	93.58	93.58
嵊州市			22.5	3163	93.52	93.52
金华市			37.0	8919	96.64	96.64
兰溪市			10.0	2459	94.89	94.89
义乌市			38.0	10233	96.06	96.06
东阳市			13.9	4144	95.96	95.96
永康市			12.0	3891	95.10	96.10
衢州市			16.5	5483	96.19	96.19
江山市			4.0	1460	95.84	95.84
舟山市	2.9	747	15.4	4233	95.81	78.90
台州市			49.9	16632	96.97	96.97
温岭市			14.0	2998	93.20	93.20
临海市			9.6	2878	94.50	94.50
玉环市			6.0	1993	93.92	93.92
丽水市	1.2	225	13.2	4064	96.55	91.20
龙泉市			2.8	717	94.98	94.98

11-9 设市城市市容环境卫生情况(2018年)

地　区	道路清扫保洁面积（万平方米）	生活垃圾清运量（万吨）	无害化处理厂（座）	卫生填埋	焚　烧	其　他
浙江省	**46411**	**1474.62**	**72**	**22**	**38**	**12**
杭州市	8850	369.31	7	1	6	
建德市	172	4.70	1	1		
宁波市	4546	159.41	6	1	3	2
余姚市	831	48.59	3	1	1	1
慈溪市	1651	38.02	2		1	1
温州市	4982	149.64	5		5	
瑞安市	443	16.08	2		2	
乐清市	435	15.90	2	1	1	
嘉兴市	2135	43.18	2		1	1
海宁市	555	7.15	3	1	1	1
平湖市	553	12.33	1		1	
桐乡市	546	10.96	2		1	1
湖州市	2660	55.05	3	1	1	1
绍兴市	2942	87.27	7	1	4	2
诸暨市	850	17.86	2	1	1	
嵊州市	1022	23.20	1	1		
金华市	1764	51.76	2	1	1	
兰溪市	751	12.90	2	1	1	
义乌市	1724	65.43	2	1	1	
东阳市	1091	20.37	1	1		
永康市	690	32.74	2	1	1	
衢州市	1194	26.75	1	1		
江山市	369	6.51	1	1		
舟山市	758	34.55	3		1	2
台州市	2269	93.59	3	2	1	
温岭市	525	22.04	2	1	1	
临海市	620	14.47	1		1	
玉环市	198	7.32	1		1	
丽水市	922	18.59	1	1		
龙泉市	363	8.94	1	1		

11-9 续表 1

地 区	无害化处理量（万吨）	卫生填埋	焚 烧	其 他	市容环卫专用车辆设备总数（辆）
浙江省	**1474.62**	**454.82**	**981.34**	**38.5**	**8776**
杭州市	369.31	172.83	196.48		1748
建德市	4.70	4.70			62
宁波市	159.41	15.01	134.07	10.3	1033
余姚市	48.59	2.49	44.44	1.7	167
慈溪市	38.02		35.36	2.7	384
温州市	149.64		149.64		886
瑞安市	16.08		16.08		55
乐清市	15.90		15.90		337
嘉兴市	43.18		35.13	8.1	407
海宁市	7.15	0.66	2.84	3.7	72
平湖市	12.33		12.33		58
桐乡市	10.96		9.92	1.0	44
湖州市	55.05	1.13	47.54	6.4	192
绍兴市	87.27	17.23	67.17	2.9	626
诸暨市	17.86	9.36	8.49		176
嵊州市	23.20	23.20			70
金华市	51.76	26.16	25.60		234
兰溪市	12.90	0.73	12.18		115
义乌市	65.43	34.64	30.79		264
东阳市	20.37	20.37			215
永康市	32.74	4.13	28.61		146
衢州市	26.75	26.75			151
江山市	6.51	6.51			19
舟山市	34.55		32.73	1.8	222
台州市	93.59	60.90	32.69		710
温岭市	22.04	0.48	21.56		128
临海市	14.47		14.47		94
玉环市	7.32		7.32		33
丽水市	18.59	18.89			97
龙泉市	8.94	8.94			31

11-9 续表 2

地 区	无害化处理能力（吨/日）	卫生填埋	焚 烧	其 他	生活垃圾无害化处理率（%）
浙江省	**63626**	**16626**	**44585**	**2415**	**100.00**
杭州市	12235	4735	7500		100.00
建德市	306	306			100.00
宁波市	6200	550	4950	700	100.00
余姚市	2700	1000	1500	200	100.00
慈溪市	2325		2250	75	100.00
温州市	4135		4135		100.00
瑞安市	2300		2300		100.00
乐清市	1380	180	1200		100.00
嘉兴市	2250		1900	350	100.00
海宁市	948	98	500	350	100.00
平湖市	900		900		100.00
桐乡市	950		800	150	100.00
湖州市	2150	250	1500	400	100.00
绍兴市	5250	700	4450	100	100.00
诸暨市	1200	400	800		100.00
嵊州市	480	480			100.00
金华市	1650	600	1050		100.00
兰溪市	1040	240	800		100.00
义乌市	3300	1600	1700		100.00
东阳市	800	800			100.00
永康市	1650	850	800		100.00
衢州市	500	500			100.00
江山市	311	311			100.00
舟山市	1140		1050	90	100.00
台州市	3650	1650	2000		100.00
温岭市	1600	500	1100		100.00
临海市	700		700		100.00
玉环市	700		700		100.00
丽水市	630	630			100.00
龙泉市	246	246			100.00

11-9 续表 3

地 区	公厕数（座）	#三类以上	每万人拥有公厕（座）
浙江省	**8075**	**6520**	**3.17**
杭州市	1734	1728	2.67
建德市	43	43	2.95
宁波市	784	784	2.13
余姚市	327	187	7.13
慈溪市	227	201	4.28
温州市	1160	407	5.23
瑞安市	62	62	2.19
乐清市	490	402	9.16
嘉兴市	256	256	2.91
海宁市	84	58	3.62
平湖市	58	58	1.66
桐乡市	54	54	1.92
湖州市	177	177	1.86
绍兴市	306	226	2.02
诸暨市	55	55	1.26
嵊州市	130	130	4.09
金华市	209	209	2.56
兰溪市	59	59	2.57
义乌市	118	118	1.26
东阳市	71	71	1.68
永康市	99	99	3.98
衢州市	209	199	5.86
江山市	64	64	3.90
舟山市	213	129	3.48
台州市	582	299	5.54
温岭市	175	122	5.62
临海市	86	86	2.71
玉环市	24	24	1.17
丽水市	133	127	3.58
龙泉市	86	86	9.33

11-10 设市城市燃气情况（2018年）

地 区	天然气			
	管道长度（公里）	供气总量（万立方米）	#家庭用量	用气人口（万人）
浙江省	**43453.48**	**625646.83**	**86349.93**	**1591.38**
杭州市	15836.99	132056.23	26506.35	520.30
建德市	252.70	2865.32	1227.39	10.90
宁波市	5695.49	97859.99	14863.71	235.80
余姚市	892.71	5282.76	1137.11	29.00
慈溪市	905.04	19604.90	948.94	13.65
温州市	1602.61	22598.09	2622.96	125.35
乐清市	205.16	1226.12	231.79	6.85
嘉兴市	962.96	39911.91	4803.95	78.86
海宁市	441.08	13120.02	1429.01	19.93
平湖市	213.62	5037.98	621.28	17.16
桐乡市	1019.59	11261.16	982.76	12.67
湖州市	1748.29	27419.43	3673.65	86.33
绍兴市	3905.16	112339.59	13906.84	97.72
诸暨市	1409.35	19574.00	1588.00	34.90
嵊州市	300.00	2257.86	434.70	7.70
金华市	757.29	18822.37	1440.37	41.89
兰溪市	354.00	7606.00	286.00	11.87
义乌市	340.06	10018.45	1091.68	30.00
东阳市	820.00	7965.98	221.70	0.70
永康市	301.93	14332.24	394.00	10.46
衢州市	1232.48	14370.58	1103.52	26.42
江山市	133.27	960.00	53.76	2.23
舟山市	1158.61	5748.86	1978.77	52.05
台州市	1335.75	18802.55	1630.86	57.14
温岭市	540.00	2540.00	1548.00	21.35
临海市	294.00	4483.80	193.57	5.99
玉环市	308.89	1056.70	1056.20	19.81
丽水市	457.45	5065.94	356.26	13.70
龙泉市	29.00	1458.00	16.80	0.65

11-10 续表

地 区	液化石油气				燃气普及率（%）
	管道长度（公里）	供气总量（吨）	#家庭用量	用气人口（万人）	
浙江省	**790.58**	**730574.27**	**502913.36**	**949.76**	**100.00**
杭州市		132825.02	58131.36	130.19	100.00
建德市		2816.00	2215.00	3.66	100.00
宁波市	76.32	106994.22	85695.18	132.70	100.00
余姚市		5880.00	5531.00	16.85	100.00
慈溪市		33060.00	32554.00	39.38	100.00
温州市	30.45	61598.55	33209.27	96.30	100.00
瑞安市	101.00	14000.00	10000.00	28.36	100.00
乐清市		11333.00	9702.00	46.62	100.00
嘉兴市		33597.11	14083.82	9.10	100.00
海宁市		4900.00	2850.00	3.25	100.00
平湖市		5622.68	5497.92	17.79	100.00
桐乡市		8359.00	4931.00	15.41	100.00
湖州市	29.55	5228.13	3166.00	8.77	100.00
绍兴市	13.12	69652.85	43550.90	53.54	100.00
诸暨市		11865.00	10231.00	8.92	100.00
嵊州市		11024.11	10478.00	24.08	100.00
金华市		14440.00	11205.00	39.84	100.00
兰溪市	6.80	5093.94	5091.94	11.08	100.00
义乌市		19279.30	17221.00	63.43	100.00
东阳市		17641.19	14960.80	41.47	100.00
永康市		16737.00	13786.00	14.40	100.00
衢州市		2960.50	2660.00	4.90	99.86
江山市	59.78	6476.23	6443.85	14.16	100.00
舟山市		28318.30	28176.71	9.19	100.00
台州市		71480.08	48257.00	47.92	100.00
温岭市		7500.00	4950.00	9.80	100.00
临海市		8823.34	7116.39	25.80	100.00
玉环市	16.11	380.00	376.20	0.78	100.00
丽水市	457.45	10947.72	10016.02	23.50	100.00
龙泉市		1741.00	826.00	8.57	100.00

11-11 设市城市园林绿化情况(2018年)

单位:公顷

地 区	绿化覆盖面积	#建成区	绿地面积	#建成区	公园绿地面积
浙江省	**186930**	**120239**	**167370**	**108530**	**34958**
杭州市	50787	24999	46014	22886	8976
建德市	466	424	424	385	198
宁波市	16605	14317	15308	13060	4501
余姚市	15098	2180	14834	1950	555
慈溪市	2430	1927	2032	1692	717
温州市	10445	10084	9164	8810	2858
瑞安市	903	884	793	777	356
乐清市	1770	941	1706	863	724
嘉兴市	6709	5721	6278	5286	1338
海宁市	3025	2178	2896	2018	382
平湖市	3119	1508	2883	1299	528
桐乡市	2283	2069	2015	1823	405
湖州市	6154	5752	5391	5318	1686
绍兴市	12311	10022	8916	8664	2311
诸暨市	3651	2443	2833	2093	576
嵊州市	1781	1596	1628	1460	366
金华市	4369	4284	4175	4093	981
兰溪市	1923	1482	1714	1370	343
义乌市	4740	4474	4158	3925	1187
东阳市	1746	1746	1553	1553	560
永康市	1674	1632	1503	1461	312
衢州市	3220	3182	2864	2813	543
江山市	817	752	717	696	204
舟山市	16184	2715	14046	2394	1029
台州市	6646	6286	6140	5724	1564
温岭市	1970	1565	1802	1394	446
临海市	1888	1875	1855	1845	473
玉环市	1071	871	1021	830	285
丽水市	1846	1752	1607	1533	422
龙泉市	1298	579	1100	517	132

11-11 续表

地 区	人均公园绿地面积（平方米）	建成区绿化覆盖率（%）	建成区绿地率（%）	公园个数（个）	公园面积（公顷）
浙江省	**13.73**	**41.19**	**37.18**	**1340**	**20432**
杭州市	13.80	40.63	37.20	251	3150
建德市	13.60	40.00	36.36	17	155
宁波市	12.21	41.62	37.96	184	2245
余姚市	12.09	43.12	38.59	32	445
慈溪市	13.53	41.00	36.01	40	168
温州市	12.89	38.69	33.80	88	1929
瑞安市	12.54	38.44	33.80	8	259
乐清市	13.54	40.37	37.02	26	132
嘉兴市	15.22	38.46	35.53	68	1127
海宁市	16.49	40.15	37.19	15	164
平湖市	15.11	36.16	31.15	36	193
桐乡市	14.43	39.90	35.16	6	220
湖州市	17.73	46.36	42.86	47	847
绍兴市	15.28	42.94	37.13	96	2996
诸暨市	13.14	41.20	35.30	21	450
嵊州市	11.53	38.56	35.26	10	335
金华市	12.01	40.42	38.62	42	458
兰溪市	14.96	40.11	37.06	18	166
义乌市	12.70	43.10	37.81	37	539
东阳市	13.28	40.31	35.87	27	430
永康市	12.53	42.50	38.05	9	58
衢州市	15.21	42.79	37.82	59	507
江山市	12.42	42.95	39.75	4	35
舟山市	16.80	41.87	36.92	38	828
台州市	14.89	44.36	40.40	73	1172
温岭市	14.32	41.80	37.23	26	344
临海市	14.87	39.19	38.55	17	396
玉环市	13.84	37.48	35.73	15	215
丽水市	11.35	44.46	38.91	19	354
龙泉市	14.27	37.84	33.79	11	114

11-12 设市城市公共交通情况(2018年)

地 区	年末公共交通运营数(辆)	公共汽车、电 车	轨道交通	标准运营车 数(标台)	运营线路总长度(公里)	出租汽车数(辆)
浙江省	**37732**	**36556**	**1176**	**42104**	**83113**	**39036**
杭州市	11650	10840	810	13887	20561	13714
建德市	139	139		132	147	100
宁波市	6664	6298	366	7601	11895	4797
余姚市	698	698		692	1493	334
慈溪市	851	851		926	2395	605
温州市	2674	2674		2901	4117	3985
瑞安市	388	388		403	643	753
乐清市	216	216		210	359	964
嘉兴市	841	841		934	1098	1073
海宁市	463	463		462	2358	254
平湖市	285	285		270	1216	226
桐乡市	419	419		409	1529	245
湖州市	1340	1340		1406	3301	883
绍兴市	2330	2330		2689	6499	1746
诸暨市	842	842		832	2153	533
嵊州市	146	146		146	382	251
金华市	1050	1050		1177	3774	918
兰溪市	80	80		76	261	216
义乌市	1570	1570		1769	3392	1279
东阳市	324	324		330	1788	456
永康市	453	453		473	1404	308
衢州市	392	392		421	560	521
江山市	105	105		105	135	100
舟山市	835	835		925	3049	823
台州市	1408	1408		1455	2189	1768
温岭市	308	308		289	441	715
临海市	464	464		435	4113	435
玉环市	193	193		148	287	538
丽水市	565	565		578	1282	409
龙泉市	39	39		24	292	87

资料来源:省交通运输厅。

11-12　续表

地　区	客运总量（万人次）	公共汽车、电　车	轨道交通	每万人拥有公交车辆（标台）	轮　渡	
					运营船数（艘）	客运总量（万人次）
浙江省	**412189**	**346766**	**65422**	**16.54**	**5**	**197**
杭州市	206714	153729	52985	21.35		
建德市	1420	1420		9.03		
宁波市	55158	42720	12437	20.63	2	135
余姚市	4747	4747		15.10		
慈溪市	5102	5102		17.46		
温州市	28517	28517		13.09		
瑞安市	4059	4059		14.20	3	62
乐清市	1520	1520		3.93		
嘉兴市	6358	6358		10.62		
海宁市	3184	3184		19.92		
平湖市	1814	1814		7.73		
桐乡市	1850	1850		14.57		
湖州市	5727	5727		14.79		
绍兴市	18546	18546		17.78		
诸暨市	7018	7018		18.98		
嵊州市	1641	1641		4.59		
金华市	8496	8496		14.40		
兰溪市	887	887		3.30		
义乌市	12919	12919		18.93		
东阳市	1966	1966		7.83		
永康市	3608	3608		19.02		
衢州市	4191	4191		11.81		
江山市	858	858		6.41		
舟山市	7620	7620		15.10		
台州市	7825	7825		13.85		
温岭市	2238	2238		9.29		
临海市	2837	2837		13.68		
玉环市	1013	1013		7.17		
丽水市	4087	4087		15.54		
龙泉市	269	269		2.61		

11-13 城市道路交通噪声监测情况(2018年)

城 市	路段总长度(米)	超标路段(米)	路段超标率(%)	路段平均路宽(米)	平均车流量(辆/小时)	等效声级dB(A)
杭州市	690550	150540	21.8	24	1648	67.9
宁波市	115078	39472	34.3	31	1436	68.6
温州市	245090	65194	26.6	42	597	66.8
嘉兴市	203653	34417	16.9	31	1013	66.4
湖州市	207556	38813	18.7	28	1665	68.0
绍兴市	212500	63325	29.8	41	1583	68.7
金华市	163910	22292	13.6	38	485	67.4
衢州市	25607	1485	5.8	16	1599	67.0
舟山市	92605	13150	14.2	43	1091	66.7
台州市	174660	48381	27.7	33	1452	67.8
丽水市	94208	12341	13.1	52	1409	65.5

资料来源:省生态环境厅(下表同)。

11-14 城市区域环境噪声监测情况(2018年)

城 市	网格边长(米)	网格总数(个)	等效声级dB(A)
杭州市	1000 × 1000	231	55.4
宁波市	1200 × 1200	202	56.1
温州市	900 × 900	252	54.9
嘉兴市	700 × 700	236	54.7
湖州市	600 × 600	217	52.0
绍兴市	600 × 600	234	52.4
金华市	750 × 750	130	54.6
衢州市	500 × 500	130	53.1
舟山市	500 × 500	248	52.4
台州市	900 × 900	124	55.0
丽水市	500 × 500	117	55.0

十二、农村环境

12-1 全省历年农村环境情况(2000-2018年)

年　份	农村改水累计受益人口（万人）	农村改水累计受益率（%）	累计使用卫生厕所户数（万户）	卫生厕所普及率（%）	农村沼气池产气量（万立方米）	太阳能热水器（万平方米）
2000	3095.94	83.20	719.54	63.73	2733.82	31.78
2001	3059.29	83.32	777.95	67.28	2237.06	65.52
2002	3523.45	95.96	812.41	71.26	2008.53	89.57
2003	3537.58	96.46	845.60	73.58	2363.49	122.22
2004	3194.45	87.10	872.32	75.90	3460.76	154.35
2005	3231.46	88.12	920.48	80.09	4295.87	186.64
2006	3486.46	96.21	918.85	79.37	6556.78	280.69
2007	3510.04	96.86	930.61	80.60	9861.36	317.65
2008	3516.59	97.04	977.03	83.75	12290.83	360.88
2009	3440.46	96.77	1005.60	86.48	13377.44	408.60
2010	3503.27	97.15	1034.73	88.93	17006.93	457.07
2011	3471.03	96.52	1089.36	90.11	17734.01	507.03
2012	3506.15	97.56	1105.89	91.45	19717.34	554.87
2013	3548.10	98.73	1122.79	93.17	18508.60	595.02
2014	3566.23	99.21	1140.49	94.78	15581.19	623.60
2015	3583.48	99.55	1158.74	96.54	13176.79	650.63
2016			1164.47	98.34	11869.92	671.76
2017			1168.74	98.64	8835.01	677.32
2018			1180.65	99.65	8098.13	682.84

12-2 各地区农村改厕情况(2018年)

单位:万户

地区	农村总户数	累计使用卫生厕所户数	累计使用卫生公厕户数	卫生厕所普及率(%)	无害化卫生厕所普及率(%)
浙江省	**1184.79**	**1180.65**	**175.04**	**99.65**	**98.55**
杭州市	119.83	119.83		100.00	99.05
宁波市	153.52	152.66	52.30	99.44	99.11
温州市	188.89	188.24	16.71	99.66	98.87
嘉兴市	71.80	71.78	1.46	99.96	99.49
湖州市	67.64	67.53	1.94	99.83	99.32
绍兴市	124.99	124.67	30.43	99.74	97.89
金华市	145.11	144.23	4.41	99.39	97.79
衢州市	65.51	65.32	6.65	99.71	97.70
舟山市	22.91	22.76	2.36	99.35	97.85
台州市	156.03	155.41	29.24	99.60	98.90
丽水市	68.57	68.24	29.55	99.51	96.83

资料来源:省卫生健康委。

12-2 续表

单位:万元

地区	农村改厕投资	#国家投资	国家投资占总投资比重(%)
浙江省	**73330.88**	**33426.42**	**45.58**
杭州市	484.58	399.75	82.49
宁波市	12026.22	5006.23	41.63
温州市	3763.97	2440.87	64.85
嘉兴市	5144.01		
湖州市	2347.78	1077.40	45.89
绍兴市	21505.53	13975.41	64.99
金华市	3878.55	703.20	18.13
衢州市	5437.22	1885.95	34.69
舟山市	2265.33	448.00	19.78
台州市	11149.22	5882.69	52.76
丽水市	5328.46	1606.92	30.16

12-3 各地区农村可再生能源利用情况(2018年)

地 区	沼气池产气总量(万立方米)	#农村用户沼气池	#大中型沼气工程	太阳能热水器(万立方米)	生活污水净化沼气池(个)
浙江省	**8098.13**	**1161.11**	**6937.02**	**682.84**	**67049**
杭州市	585.31	83.85	501.46	99.40	6911
宁波市	618.60	3.67	614.93	29.39	680
温州市	401.79	23.05	378.74	66.24	6865
嘉兴市	187.16	18.56	168.60	128.54	42860
湖州市	63.70		63.65	54.68	2680
绍兴市	841.47	3.00	838.47	30.49	656
金华市	1292.92	6.22	1286.70	107.80	2469
衢州市	2864.39	881.52	1982.87	51.42	2092
舟山市	19.60		19.60	9.70	139
台州市	645.11	11.40	633.71	65.80	1031
丽水市	578.14	129.84	448.30	39.38	666

资料来源:省农业农村厅。

12-4 各地区农业有效灌溉和农用化肥施用情况(2018年)

地 区	有效灌溉面积(千公顷)	化肥施用量(吨)	氮肥	磷肥	钾肥	复合肥
全省	**1440.80**	**777610**	**401476**	**85860**	**61004**	**229270**
杭州市	157.01	87108	36374	9925	6950	33859
宁波市	177.32	90093	37159	9896	6305	36733
温州市	115.86	77518	44690	12302	7912	12614
嘉兴市	177.60	98015	72777	10383	5330	9525
湖州市	134.46	38914	23904	3747	2125	9138
绍兴市	167.28	88645	56988	6249	4028	21380
金华市	170.75	91774	35320	10292	9676	36486
衢州市	105.18	56926	29489	6771	6618	14048
舟山市	15.36	4209	2219	343	68	1579
台州市	125.13	88791	40600	7579	5840	34772
丽水市	94.85	55617	21956	8373	6152	19136

资料来源:省统计局(下表同)。

12-5 各地区农用塑料薄膜和农药使用量情况(2018年)

地 区	塑料薄膜使用量(吨)	#地膜使用量(吨)	地膜覆盖面积(公顷)	农药使用量(吨)
全 省	**68731**	**28624**	**154577**	**43725**
杭州市	10567	3963	14948	6316
宁波市	13217	4462	19804	5430
温州市	4070	2244	11519	3632
嘉兴市	6206	2118	28680	5891
湖州市	5398	2179	3633	3271
绍兴市	5134	2594	20022	5668
金华市	6592	2936	11971	4481
衢州市	2435	1747	6702	3239
舟山市	354	126	1693	444
台州市	10313	4078	30134	2788
丽水市	4445	2177	5471	2565

12-6 各地区农村非商品能源生活消费情况(沼气)(2017年)

地　区	实物(万立方米)					
	2013	2014	2015	2016	2017	2018
浙江省	**18508.60**	**15581.19**	**13176.80**	**11710.75**	**8835.01**	**8098.13**
杭州市	1834.70	1490.78	1348.40	1129.08	587.22	585.31
宁波市	1577.40	1172.86	1051.90	453.80	780.17	618.60
温州市	1162.10	1053.63	802.16	802.20	442.01	401.79
嘉兴市	2183.20	846.22	449.83	394.60	218.23	187.20
湖州市	268.00	349.48	272.78	216.32	78.65	63.65
绍兴市	1051.50	858.67	468.10	795.99	915.88	841.47
金华市	2307.00	1662.35	1692.55	1799.29	1426.41	1292.92
衢州市	4464.80	4549.84	4201.60	3291.88	2995.87	2864.39
舟山市	117.90	104.96	84.13	26.65	24.07	19.60
台州市	1633.50	1742.00	1039.15	1035.54	642.48	645.11
丽水市	1908.60	1750.40	1766.20	1765.40	724.02	578.14

资料来源:省农业农村厅(以下各表同)

12-6　续表

地　区	标准煤(万吨)					
	2013	2014	2015	2016	2017	2018
浙江省	**13.20**	**11.13**	**9.41**	**8.34**	**6.31**	**5.78**
杭州市	1.30	1.06	0.96	0.81	0.42	0.42
宁波市	1.10	0.84	0.75	0.31	0.56	0.44
温州市	0.80	0.75	0.57	0.57	0.32	0.29
嘉兴市	1.60	0.60	0.32	0.28	0.16	0.13
湖州市	0.20	0.25	0.19	0.15	0.06	0.05
绍兴市	0.80	0.61	0.33	0.57	0.65	0.60
金华市	1.60	1.19	1.21	1.28	1.02	0.92
衢州市	3.20	3.25	3.00	2.35	2.14	2.05
舟山市	0.10	0.07	0.06	0.02	0.02	0.01
台州市	1.20	1.24	0.74	0.74	0.46	0.46
丽水市	1.40	1.25	1.26	1.26	0.52	0.41

12-7 各地区农村非商品能源生活消费情况(秸杆)(2018年)

地 区	实物量(万吨)					
	2013	2014	2015	2016	2017	2018
浙江省	**103.99**	**81.22**	**49.01**	**53.13**	**65.37**	**40.59**
杭州市	9.59	10.17	8.94	3.63	3.87	2.97
宁波市				8.10	17.20	8.50
温州市	0.32	6.51	1.80	1.80	1.53	2.10
嘉兴市	22.61	11.74	7.90	4.00	4.91	1.91
湖州市	10.15	9.63	8.20	7.80	7.75	1.00
绍兴市	15.31	12.45	12.30	8.67	9.10	8.60
金华市	18.72	15.72	4.20	4.80	5.20	3.10
衢州市	5.02	4.50	3.37	2.75	2.90	2.40
舟山市	3.40	2.90	2.30	2.16	1.30	0.60
台州市	18.87	7.60		7.08	8.50	7.43
丽水市				2.34	3.11	1.98

12-7 续表

地 区	标准煤(万吨)					
	2013	2014	2015	2016	2017	2018
浙江省	**47.22**	**40.71**	**23.82**	**22.12**	**31.20**	**19.47**
杭州市	4.40	4.52	4.00	1.68	1.80	1.37
宁波市				0.30	7.70	3.80
温州市	0.10	2.68	0.80	0.80	1.20	1.00
嘉兴市	10.20	5.87	4.00	2.00	2.00	0.80
湖州市	4.70	4.50	4.10	3.90	3.90	0.50
绍兴市	7.00	5.90	5.90	4.30	4.70	4.30
金华市	8.10	8.00	2.10	2.40	2.50	1.60
衢州市	2.60	2.34	1.72	1.42	1.60	1.20
舟山市	1.60	1.30	1.20	0.97	0.60	0.30
台州市	8.50	5.60		3.19	3.60	3.60
丽水市				1.17	1.60	0.98

12-8 各地区农村非商品能源生活消费情况(薪柴)(2018年)

地 区	实物(万吨)					
	2013	2014	2015	2016	2017	2018
浙江省	**157.70**	**157.30**	**121.86**	**122.38**	**132.97**	**104.62**
杭州市	22.42	23.01	19.82	18.89	18.99	16.00
宁波市		3.60	3.60	1.80	2.00	2.00
温州市	9.83	4.20	3.90	3.90		3.50
嘉兴市	5.29	5.92	5.30	5.20	9.53	7.64
湖州市	7.52	7.21	6.60	6.49	9.47	6.10
绍兴市	12.79	11.66	11.50	10.10	11.20	10.00
金华市	17.24	19.63	15.40	23.10	21.30	16.20
衢州市	21.63	22.30	18.04	17.14	16.00	13.10
舟山市	0.78	0.70	0.71	0.76	0.80	0.60
台州市	24.56	22.90	4.50	4.50	6.90	6.77
丽水市	35.64	36.17	32.50	30.50	36.78	22.71

12-8 续表

地 区	标准煤(万吨)					
	2013	2014	2015	2016	2017	2018
浙江省	**90.00**	**89.82**	**69.58**	**69.88**	**75.91**	**59.74**
杭州市	12.80	13.14	11.31	10.79	10.83	9.13
宁波市		2.06	2.06	1.03	1.14	1.14
温州市	5.60	2.40	2.23	2.23		2.00
嘉兴市	3.00	3.38	3.03	2.97	5.37	4.36
湖州市	4.30	4.12	3.77	3.71	5.38	3.48
绍兴市	7.30	6.66	6.57	5.77	6.35	5.71
金华市	9.80	11.21	8.79	13.19	12.21	9.25
衢州市	12.40	12.73	10.30	9.78	9.14	7.48
舟山市	0.40	0.40	0.41	0.43	0.46	0.34
台州市	14.00	13.10	2.57	2.57	3.94	3.86
丽水市	20.40	20.65	18.56	17.42	20.99	12.97

12-9 各地区农业污染情况(2018年)

地　区	农业化学需氧量排放量（吨）	畜禽养殖业	水产养殖业
浙江省	**2531.0**	**2531.0**	
杭州市	1917.7	1917.7	
宁波市	5.0	5.0	
温州市	189.0	189.0	
嘉兴市	33.5	33.5	
湖州市	7.7	7.7	
绍兴市	347.9	347.9	
金华市	26.3	26.3	
衢州市	1.8	1.8	
舟山市			
台州市			
丽水市	2.0	2.0	

资料来源:省生态环境厅。

12-9　续表

地　区	农业氨氮排放量（吨）	畜禽养殖业	种植业	水产养殖业
浙江省	**356.6**	**356.6**		
杭州市	287.6	287.6		
宁波市	1.0	1.0		
温州市	2.0	2.0		
嘉兴市	6.9	6.9		
湖州市	1.5	1.5		
绍兴市	50.7	50.7		
金华市	6.1	6.1		
衢州市	0.4	0.4		
舟山市				
台州市				
丽水市	0.40	0.40		

附录一、人口资源环境主要统计指标

附录1-1 全省人口资源环境主要统计指标

指 标		2017	2018
1.人口构成			
总人口	(万人)	5657.00	5737.00
#城镇		3846.80	3952.80
乡村		1810.20	1784.20
2.土地资源			
耕地面积	(万公顷)	197.70	197.93
人均耕地面积	(亩)	0.52	0.52
3.水资源			
水资源总量	(亿立方米)	895.35	866.54
人均水资源量	(立方米/人)	1592.15	1521.05
用水总量	(亿立方米)	179.50	173.81
#工业用水量		46.08	44.00
人均用水量	(立方米/人)	319.20	305.08
单位GDP用水量	(立方米/万元)	35.60	32.20
单位工业增加值用水量	(立方米/万元)	88.28	84.79
4.森林资源			
森林面积	(万公顷)	607.82	607.56
森林覆盖率	(%)	61.17	61.15
活立木总蓄积量	(亿立方米)	3.67	3.85
森林蓄积量	(亿立方米)	3.30	3.46
人均森林面积	(公顷/人)	0.11	0.11
5.能源			
一次能源生产量	(万吨标准煤)	2151	2407
构成(能源生产总量=100)			
原煤	(%)		
原油	(%)		
天然气	(%)		
一次电力及其他	(%)	100.0	100.0
人均能源生产量	(千克标准煤/人)		
能源消费总量	(万吨标准煤)	21030	21675
构成(能源生产总量=100)			
煤炭	(%)	49.8	47.4
石油	(%)	20.2	17.8
天然气	(%)	6.0	7.5
一次电力及其他	(%)	24.0	27.3

附录1-1 续表

指　标		2017	2018
人均能源消费量	（千克标准煤/人）	3718	3778
能源生产弹性系数		–	1.68
能源消费弹性系数		0.48	0.43
电力生产弹性系数		0.46	0.54
电力消费弹性系数		1.06	1.14
单位国内生产总值能源消费量	（吨标准煤/万元）	0.42	0.40
6.污染物排放			
废水排放量	（亿吨）	45.39	46.39
化学需氧量排放量	（万吨）	41.86	39.16
氨氮排放量	（万吨）	6.67	6.31
二氧化硫排放量	（万吨）	19.05	13.73
氮氧化物排放量	（万吨）	43.20	39.21
一般工业固体废物倾倒丢弃量	（万吨）	…	…
城市生活垃圾清运量	（万吨）	1481.46	1474.62
7.污染治理投资			
环境污染治理投资	（亿元）	528.86	527.94
环境污染治理投资占GDP比重	（%）	1.02	0.94

注：2015年起，统计口径调整，用水总量不含环境配水量。

附录二、"十三五"规划主要环境保护指标

附录2-1 “十三五”规划全省资源环境主要指标

指标		单位	2015	2020	年均增速[累计]	属性
耕地保有量		(万亩)	3093(2014年)	国家下达指标	—	约束性
万元GDP用水量下降		(%)	—	—	国家下达指标	约束性
单位GDP能源消耗降低		(%)	—	—	国家下达指标	约束性
非化石能源占一次能源消费比重		(%)	16	20左右	[4]	约束性
单位GDP二氧化碳排放降低		(%)	—	—	国家下达指标	约束性
森林发展	森林覆盖率	(%)	60.9	61	[0.1]	约束性
	森林蓄积量	(万立方米)	33000	40000	[7000]	约束性
空气质量	地级及以上城市空气质量优良天数比率	(%)	75.5(2014年)	80.0	[4.5]	约束性
	地级及以上城市细颗粒物($PM_{2.5}$)浓度下降	(%)	—	—	国家下达指标	约束性
地表水质量	地表水达到或好于Ⅲ类水体比例	(%)	64(2014年)	80	[16]	约束性
主要污染物排放总量减少(%)	化学需氧量	COD	—	—	国家下达指标	约束性
	二氧化硫	SO_2				
	氨氮	Ammonia Nitrogen				
	氮氧化物	NO_x				

注:国内生产总值按可比价格计算;[ ]内为五年累计数。水质比例指标以国家“水十条”规定的2014年为基准年。

附录三、主要统计指标解释

主要统计指标解释

一、自然状况

平均气温　气温指空气的温度，我国一般以摄氏度为单位表示。气象观测的温度表是放在离地面约1.5米处通风良好的百叶箱里测量的，因此，通常说的气温指的是离地面1.5米处百叶箱中的温度。计算方法：月平均气温是将全月各日的平均气温相加，除以该月的天数而得。年平均气温是将12个月的月平均气温累加后除以12而得。

年平均相对湿度　相对湿度指空气中实际水气压与当时气温下的饱和水气压之比，通常以(%)为单位表示。其统计方法与气温相同。

全年日照时数　日照时数指太阳实际照射地面的时数，通常以小时为单位表示。其统计方法与降水量相同。

全年降水量　降水量指从天空降落到地面的液态或固态(经融化后)水，未经蒸发、渗透、流失而在地面上积聚的深度，通常以毫米为单位表示。计算方法：月降水量是将该全月各日的降水量累加而得。年降水量是将该年12个月的月降水量累加而得。

二、水环境

水资源总量　一定区域内的水资源总量指当地降水形成的地表和地下产水量，即地表径流量与降水入渗补给量之和，不包括过境水量。

地表水资源量　指河流、湖泊、冰川等地表水体中由当地降水形成的、可以逐年更新的动态水量，即天然河川径流量。

地下水资源量　指当地降水和地表水对饱水岩土层的补给量。

地表水与地下水资源重复计算量　指地表水和地下水相互转化的部分，即在河川径流量中包括一部分地下水排泄量，地下水补给量中包括一部分来源于地表水的入渗量。

供水总量　指各种水源工程为用户提供的包括输水损失在内的毛供水量。

地表水源供水量　指地表水体工程的取水量，按蓄、引、提、调四种形式统计。从水库、塘坝中引水或提水，均属蓄水工程供水量；从河道或湖泊中自流引水的，无论有闸或无闸，均属引水工程供水量；利用扬水站从河道或湖泊中直接取水的，属提水工程供水量；跨流域调水指水资源一级区或独立流域之间的跨流域调配水量，不包括在蓄、引、提水量中。

地下水源供水量　指水井工程的开采量，按浅层淡水、深层承压水和微咸水分别统计。城市地下水源供水量包括自来水厂的开采量和工矿企业自备井的开采量。

其他水源供水量　包括污水处理再利用、集雨工程、海水淡化等水源工程的供水量。

用水总量　指分配给用户的包括输水损失在内的毛用水量。按用户特性分为农业、工业、生活和生态用水四大类。

农业用水　包括农田灌溉和林牧渔业用水。林牧渔业用水指林果地灌溉、草地灌溉和鱼塘补水。

工业用水　指工矿企业在生产过程中用于制造、加工、冷却、空调、净化、洗涤等方面的用水，按新水取用量计，不包括企业内部的重复利用水量。

生活用水　包括城镇生活用水和农村生活用水。城镇生活用水由居民用水和公共用水（含服务业、餐饮业、货运邮电业及建筑业等用水）组成；农村生活用水除居民生活用水外，还包括畜用水在内。

生态用水　仅包括城市环境用水和部分河湖、湿地的人工补水。

工业废水排放量　指报告期内经过企业厂区所有排放口排到企业外部的工业废水量。包括生产废水、外排的直接冷却水、超标排放的矿井地下水和与工业废水混排的厂区生活污水，不包括外排的间接冷却水（清污不分流的间接冷却水应计算在废水排放量内）。

化学需氧量(COD)　测量有机和无机物质化学分解所消耗氧的质量浓度的水污染指数。

三、海洋环境

较清洁海域　符合国家海水水质标准中二类海水水质的海域，适用于水产养殖区、海水浴场、人体直接接触海水的海上运动或娱乐区、以及与人类食用直接有关的工业用水区。

轻度污染海域　符合国家海水水质标准中三类海水水质的海域，适用于一般工业用水区。

中度污染海域　符合国家海水水质标准中四类海水水质的海域，仅适用于海洋港口水域和海洋开发作业区。

严重污染海域　劣于国家海水水质标准中四类海水水质的海域。

四、大气环境

工业废气排放量　指报告期内企业厂区内燃料燃烧和生产工艺过程中产生的各种排入大气的含有污染物的气体的总量，以标准状态(273K,101325Pa)计算。测算公式为：

$$\text{工业废气排放量} = \text{燃料燃烧过程中的废气排放量} + \text{生产工艺过程中的废气排放量}$$

二氧化硫排放量　指报告期内企业在燃料燃烧和生产工艺过程中排入大气的二氧化硫总质量。工业中二氧化硫主要来源于化石燃料(煤、石油等)的燃烧，还包括含硫矿石的冶炼或含硫酸、磷肥等生产的工业废气排放。取自环保部门环境统计年报。

氮氧化物排放量　指报告期内企业在燃料燃烧和生产工艺过程中排入大气的氮氧化物总质量。

烟(粉)尘排放量　指报告期内企业在燃料燃烧和生产工艺过程中排入大气的烟尘及工业粉尘的总质量之和。烟尘或工业粉尘排放量可以通过除尘系统的排风量和除尘设备出口烟尘浓度相乘求得。

工业废气治理设施数　指报告期末企业用于减少在燃料燃烧过程与生产工艺过程中排向大气的污染物或对污染物加以回收利用的废气治理设施总数，以一个废气治理系统为单位统计。包括除尘、脱硫、脱硝及其它的污染物的烟气治理设施。已报废的设施不统计在内。锅炉中的除尘装置属于“三同时”设备，应统计在内。取自环保部门环境统计年报。

工业废气治理设施处理能力 指报告期末企业实有的废气治理设施的实际废气处理能力。取自环保部门环境统计年报。

五、固体废物

工业固体废物产生量 指报告期内企业在生产过程中产生的固体状、半固体状和高浓度液体状废弃物的总量，包括危险废物、冶炼废渣、粉煤灰、炉渣、煤矸石、尾矿、放射性废物和其他废物等；不包括矿山开采的剥离废石和掘进废石（煤矸石和呈酸性或碱性的废石除外）。酸性或碱性废石指采掘的废石其流经水、雨淋水的PH值小于4或PH值大于10.5者。

危险废物 指列入国家危险废物名录或者根据国家规定的危险废物鉴别标准和鉴别方法认定的，具有爆炸性、易燃性、易氧化性、毒性、腐蚀性、易传染性疾病等危险特性之一的废物。

工业固体废物综合利用量 指报告期内企业通过回收、加工、循环、交换等方式，从固体废物中提取或者使其转化为可以利用的资源、能源和其他原材料的固体废物量（包括当年利用的往年工业固体废物贮存量）。如用做农业肥料、生产建筑材料、筑路等。综合利用量由原产生固体废物的单位统计。

工业固体废物综合利用率 指工业固体废物综合利用量占固体废物产生量的百分率。计算公式为：

$$\text{工业固体废物综合利用率}=\frac{\text{工业固体废物综合利用量}}{\text{工业固体废物产生量}+\text{综合利用往年贮存量}}\times 100\%$$

工业固体废物贮存量 指报告期内企业以综合利用或处置为目的，将固体废物暂时贮存或堆存在专设的贮存设施或专设的集中堆存场所内的数量。专设的固体废物贮存场所或贮存设施必须有防扩散、防流失、防渗漏、防止污染大气、水体的措施。

工业固体废物处置量 指报告期内企业将固体废物焚烧或者最终置于符合环境保护规定要求的场所，并不再回取的工业固体废物量（包括当年处置往年的工业固体废物贮存量）。处置方式有填埋（其中危险废物应安全填埋）、焚烧、专业贮存场（库）封场处理、深层灌注、回填矿井及海洋处置（经海洋管理部门同意投海处置）等。

工业固体废物排放量 指报告期内企业将所产生的固体废物排到固体废物污染防治设施、场所以外的量。不包括矿山开采的剥离废石和掘进废石(煤矸石和呈酸性或碱性的废石除外)。

六、生态环境

自然保护区 指对有代表性的自然生态系统、珍稀濒危野生动植物物种的天然分布区、水源涵养区、有特殊意义的自然历史遗迹等保护对象所在的陆地、陆地水体或海域,依法划出一定面积进行特殊保护和管理的区域。以县及县以上各级人民政府正式批准建立的自然保护区为准。风景名胜区、文物保护区不计在内。

湿地 指天然或人工、长久或暂时性的沼泽地、泥炭地或水域地带,包括静止或流动、淡水、半咸水、咸水体,低潮时水深不超过6米的水域以及海岸地带地区的珊瑚滩和海草床、滩涂、红树林、河口、河流、淡水沼泽、沼泽森林、湖泊、盐沼及盐湖。

七、土地利用

土地调查面积 指行政区域内的土地调查总面积,包括农用地、建设用地和未利用地。

八、林业

森林面积 指由乔木树种构成,郁闭度0.20以上(含0.20)的林地或冠幅宽度10米以上的林带的面积,即有林地面积。它是反映森林资源总面积的重要指标。森林面积包括天然起源和人工起源的针叶林面积、阔叶林面积、针阔混交林面积和竹林面积,不包括灌木林地面积和疏林地面积。

人工林面积 指由人工播种、植苗或扦插造林形成的生长稳定,(一般造林3-5年后或飞机播种5-7年后)每公顷保存株数大于或等于造林设计植树株数80%或郁闭度0.20以上(含02.0)的林分面积。

森林覆盖率 指以行政区域为单位森林面积占区域土地总面积的百分比。计算公式:

$$森林覆盖率=\frac{森林面积}{土地总面积}\times 100\%$$

活立木总蓄积量 指一定范围土地上全部树木蓄积的总量,包括森林蓄积、疏林蓄积、散生木蓄积和四旁树蓄积。

森林蓄积量 指一定森林面积上存在着的林木树干部分的总材积,以立方米为计算单位。它是反映一个国家或地区森林资源总规模和水平的基本指标之一。它说明一个国家或地区林业生产发展情况,反映森林资源的丰富程度,也是衡量森林生态环境优劣的重要依据。

造林面积 指在宜林荒山荒地、宜林沙荒地、无立木林地、疏林地和退耕地等其它宜林地上通过人工措施形成或恢复森林、林木、灌木林的过程。

人工造林 指在宜林荒山荒地、宜林沙荒地、无立木林地、疏林地和退耕地等其它宜林地上通过播种、植苗和分植来提高森林植被覆被率的技术措施。

飞播造林 通过飞机播种,为宜林荒山荒地、宜林沙荒地、其它宜林地、疏林地补充适量的种源,并辅以适当的人工措施,在自然力的作用下使其形成森林或灌草植被,提高森林植被覆被率的技术措施。

新封山育林 对宜林地、无立木林地、疏林地或低质低效有林地、灌木林地实施封禁并辅以人工促进手段,使其形成森林或灌草植被或提高林分质量的一项技术措施。包括无林地和疏林地封育以及有林地和灌木林地封育。

退化林修复 为改善林分的活力和结构,有效遏制防护林退化,提高林分质量和恢复森林功能,对结构失调和稳定性降低、功能退化甚至丧失且自然更新能力弱的林分采取的结构调整、树种替换、补植补播、嫁接复壮等经营措施。

更新造林 指在采伐迹地、火烧迹地、林中空地上通过人工造林重新形成森林的过程。包括通过松土除草、平茬或断根复壮、补植补播、除蘖间苗等措施促进目的树种幼苗幼树生长发良的人工促进天然更新。

用材林 指以生产木材为主要目的的森林和林木,包括以生产竹材为主要目的的竹林。

经济林 指以生产果品,食用油料、饮料、调料,工业原料和药材为主要目的的林木。经济林是人们为了取得林木的果实、叶片、皮层、胶液等产品作为工业原料或者供食用所营造的林木,如油茶、油桐、核桃、樟树、花椒、茶、桑、果等。

防护林 指以防护为主要目的的森林、林木和灌木丛。包括水源涵养林,水土保持林,防风固沙林,农田、牧场防护林,护岸林,护路林等。

薪炭林 指以生产燃料为主要目的的林木。

特种用途林 指以国防、环境保护、科学实验等为主要目的的森林和林木。包括国防林、实验林、母树林、环境保护林、风景林,名胜古迹和革命纪念地的林木,自然保护区的森林。

野生动植物保护及自然保护区建设工程 野生动植物保护及自然保护区建设工程,是一个面向未来,着眼长远,具有多项战略意义的生态保护工程,也是呼应国际大气候、树立中国良好国际形象的“外交工程”。主要解决基因保存、生物多样性保护、自然保护、湿地保护等问题。

九、自然灾害及突发事件

滑坡 指斜坡上不稳定的岩土体在重力作用下沿一定软面(或滑动带)整体向下滑动的物理地质现象。地表水和地下水的作用以及人为的不合理工程活动对斜坡岩、土体稳定性的破坏,经常是促使滑坡发生的主要因素。在露天采矿、水利、铁路、公路等工程中,滑坡往往造成严重危害。

崩塌 指陡坡上大块的岩土体在重力作用下突然脱离母体崩落的物理地质现象。它可因多裂隙的岩体经强烈的物理风化、雨水渗入或地震而造成,往往毁坏建筑物,堵塞河道或交通路线。

泥石流 指山地突然爆发的包含大量泥沙、石块的特殊洪流称为泥石流,多见于半干旱山地高原地区。其形成条件是地形陡峻,松散堆积物丰富,有特大暴雨或大量冰融水的流出。

地面塌陷 指地表岩、土体在自然或人为因素作用下向下陷落,并在地面形成塌陷坑(洞)的一种动力地质现象。由于其发育的地质条件和作用因素的不同,地面塌陷可分为:岩溶塌陷、非岩溶塌陷。

突发环境事件 指突然发生,造成或可能造成重大人员伤亡、重大财产损失和对全国或者某一地区的经济社会稳定、政治安定构成重大威胁和损害,有重大社会影响的涉及公共安全的环境事件。

十、环境投资

环境污染治理投资 指在工业污染源治理和城镇环境基础设施建设的资金投

入中，用于形成固定资产的资金。包括工业新老污染源治理工程投资、当年完成环保验收项目环保投资，以及城镇环境基础设施建设所投入的资金。

本年完成投资 指从本年1月1日起至本年最后一天止完成的全部投资额。本年完成投资是反映本年的实际投资规模，计算有关投资效果，进行年度国民经济平衡分析的重要指标。

十一、城市环境

年末道路长度 指年末道路长度和与道路相通的广场、桥梁、隧道的长度，按车行道中心线计算。在统计时只统计路面宽度在3.5米(含3.5米)以上的各种铺装道路，包括开放型工业区和住宅区道路在内。

城市桥梁 指为跨越天然或人工障碍物而修建的构筑物。包括跨河桥、立交桥、人行天桥以及人行地下通道等。包括永久性桥和半永久性桥。

城市排水管道长度 指所有排水总管、干管、支管、检查井及连接井进出口等长度之和。

全年供水总量 指报告期供水企业(单位)供出的全部水量。包括有效供水量和漏损水量。

用水普及率 指城市用水人口数与城市人口总数的比率。计算公式：

用水普及率=城市用水人口数/城市人口总数×100%

城市污水日处理能力 指污水处理厂(或处理装置)每昼夜处理污水量的设计能力。

供气管道长度 指报告期末从气源厂压缩机的出口或门站出口至各类用户引入管之间的全部已经通气投入使用的管道长度。不包括煤气生产厂、输配站、液化气储存站、灌瓶站、储配站、气化站、混气站、供应站等厂(站)内的管道。

全年供气总量 指全年燃气企业(单位)向用户供应的燃气数量。包括销售量和损失量。

用气普及率 指报告期末使用燃气的城市人口数与城市人口总数的比率。计算公式为：

用气普及率=城市用气人口数/城市人口总数×100%

生活垃圾清运量 指报告期内收集和运送到垃圾处理厂(场)的生活垃圾数量。生活垃圾指城市日常生活或为城市日常生活提供服务的活动中产生的固体废物以及法律行政规定的视为城市生活垃圾的固体废物。包括:居民生活垃圾、商业垃圾、集市贸易市场垃圾、街道清扫垃圾、公共场所垃圾和机关、学校、厂矿等单位的生活垃圾。

生活垃圾无害化处理率 指报告期生活垃圾无害化处理量与生活垃圾产生量比率。在统计上,由于生活垃圾产生量不易取得,可用清运量代替。计算公式为:

$$\text{生活垃圾无害化处理率}=\frac{\text{生活垃圾无害化处理量}}{\text{生活垃圾产生量}}\times 100\%$$

年末运营车数 指年末公交企业(单位)用于运营业务的全部车辆数。以企业(单位)固定资产台账中已投入运营的车辆数为准。

城市绿地面积 指报告期末用作园林和绿化的各种绿地面积。包括公园绿地、防护绿地、生产绿地、附属绿地和其他绿地面积。

公园绿地 指向公众开放的,以游憩为主要功能,有一定的游憩设施和服务设施,同时兼有健全生态,美化景观,防灾减灾等综合作用的绿化用地。

十二、农村环境

卫生厕所 指有完整下水道系统的水冲式、三格化粪池式、净化沼气池式、多翁漏斗式公厕以及粪便及时清理并进行高温堆肥无害化处理的非水冲式公厕。

累计使用卫生公厕户数 指农民因某种原因没有兴建自己的卫生厕所,而使用村内卫生公厕户数。